KB240792

빛깔있는 책들 301-31

해양 생물

글, 사진/김웅서

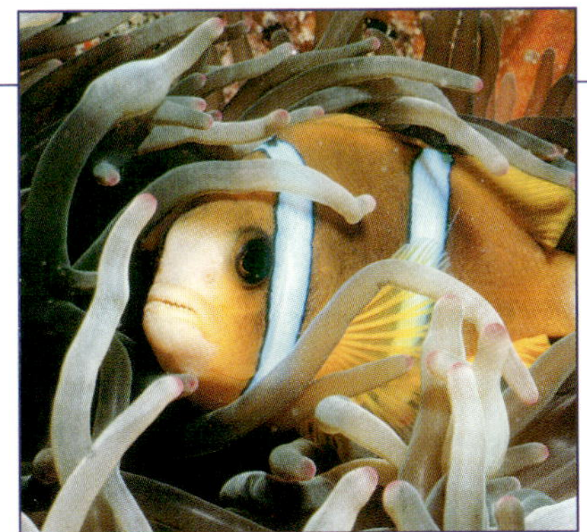

대원사

김웅서 ────────────

서울대학교 생물교육과와 해양학
과에서 공부하고 동 대학원에서
해양 생물학을 전공하였다. 미국
뉴욕주립대학교(Stony Brook)에
서 해양생태학으로 이학박사학위
를 취득하였다. 뉴욕주립대 연구
원을 거쳐 현재 한국해양연구소
선임연구원으로 재직하고 있으며
서울대, 고려대, 서강대, 건국대
등에서 해양 생물학 관련 강의를
하고 있다. 역서로 『상어』 『동물
플랑크톤 생태연구법』이 있고 공
저로 『제주바다물고기』가 있다.

해양 생물

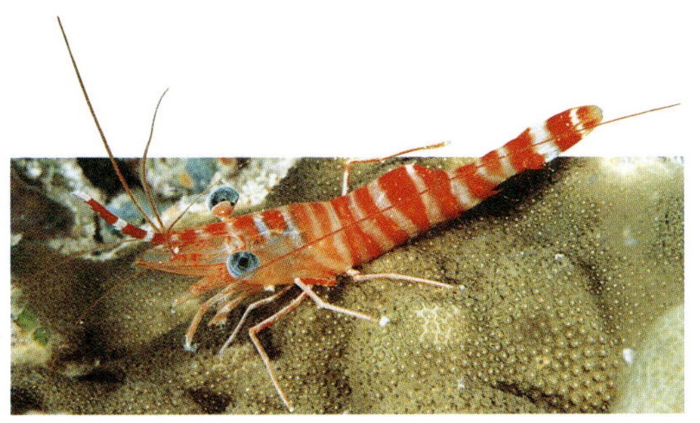

해양 생물

해양 생물

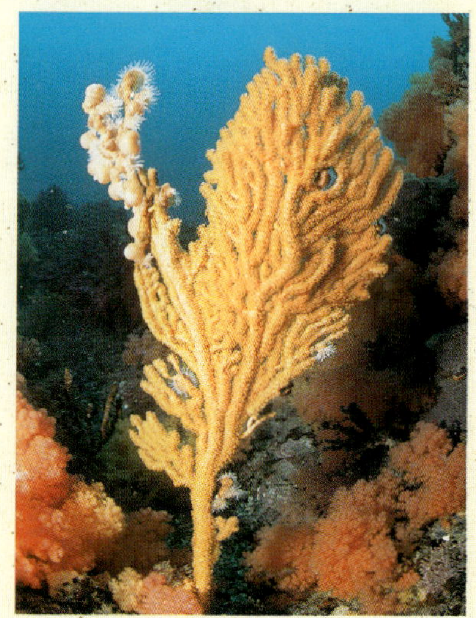

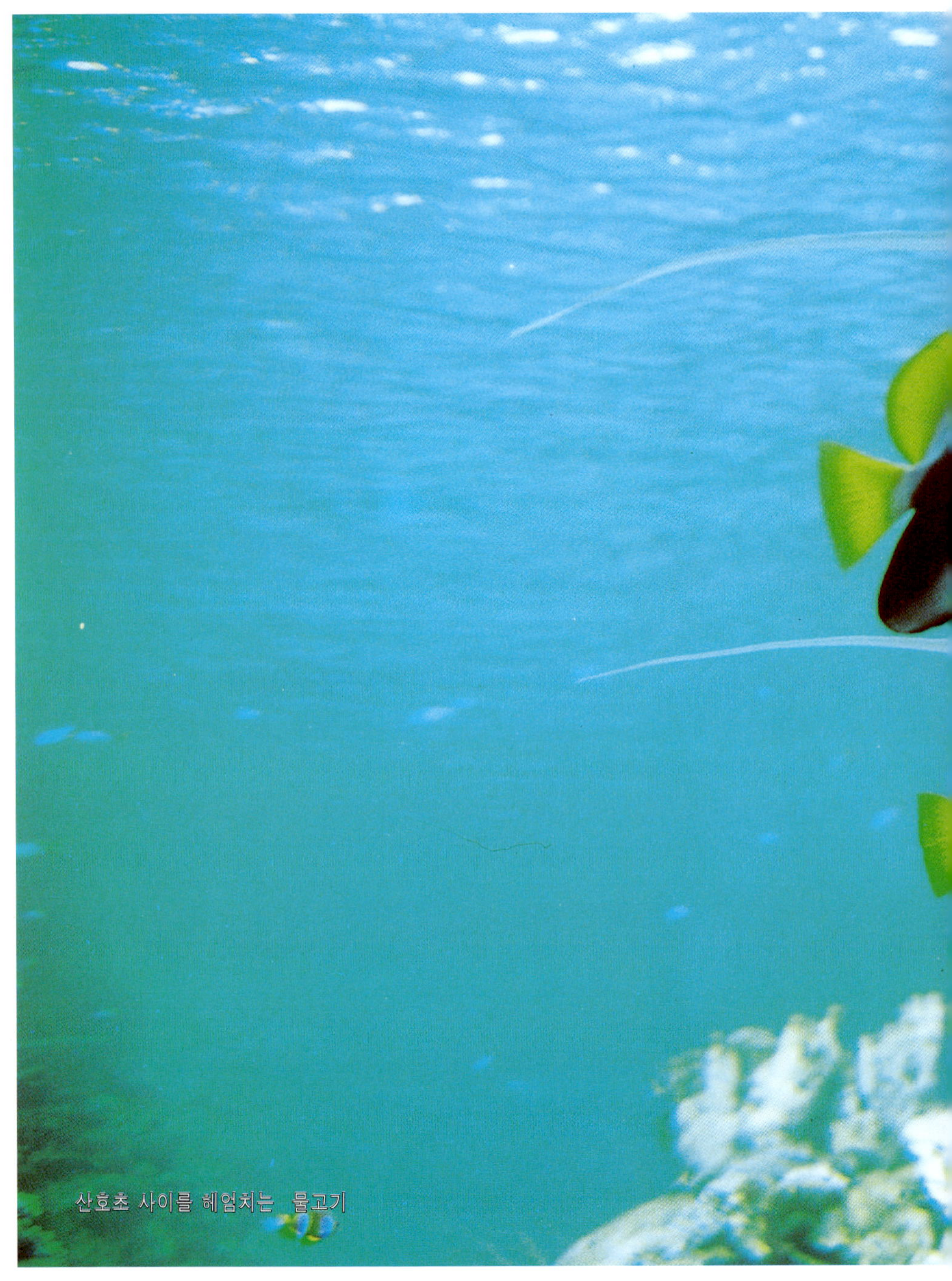

산호초 사이를 헤엄치는 물고기

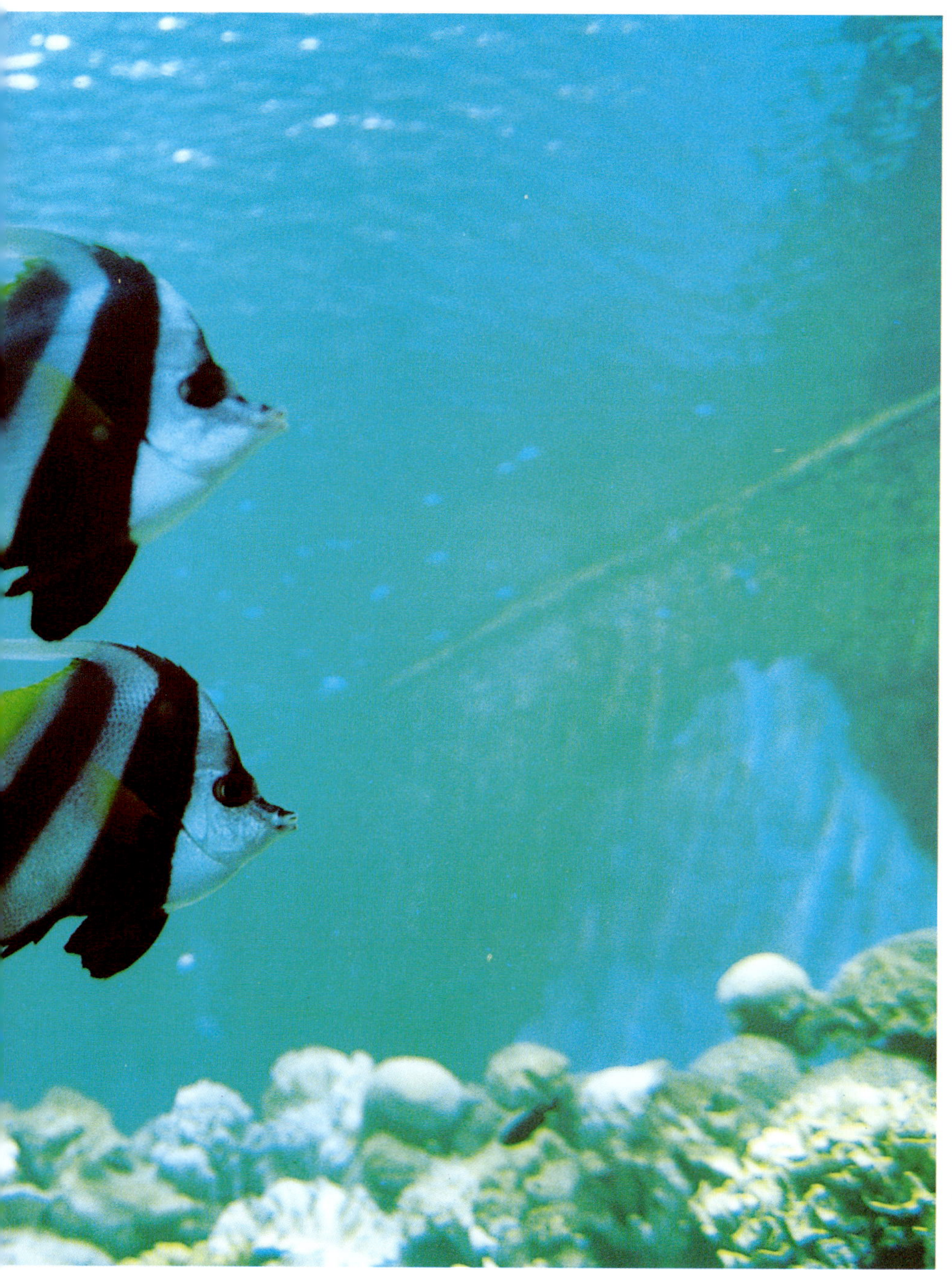

머리말

　바다는 지구상에 생명체를 탄생시킨 모태이다. 그러므로 바다를 동경하는 것은 인간의 원초적 본능일지도 모른다.

　복잡한 도시 생활을 하는 현대인들에게 바다는 휴식을 취하고 한가로움을 맛볼 수 있는 매력 있는 곳임에 틀림없다. 수평선 너머로 온 세상을 불사르며 가라앉는 태양, 불어오는 해풍에 춤추는 야자수, 귀를 간지럽게 하는 파도 소리……. 이런 것들은 틀에 박힌 일상 생활에서 벗어날 수 있는 탈출구를 제공한다. 수중에서 여유 있게 움직이는 형형색색의 물고기들을 보고 있으면 온갖 잡념이 사라지고 마음이 평온해진다. 그래서인지 요즘 물 속을 즐기는 스쿠버 다이빙(scuba diving)이나 스노클링(snorkeling)이 큰 인기를 끌고 있다.

　그러나 바다는 항상 평온하고 정겨운 것만은 아니다. 육상 생활에 익숙한 사람들은 어느 정도 물에 대한 공포심을 갖고 있다. 때론 거친 파도가 온 세상을 삼킬 듯 포효하며 사람들을 무기력하게 만들기도 한다. 그래도 바다는 매력 있는 곳이다. 자를 대고 그어 놓은 듯한 수평선, 규칙적으로 밀려오는 파도, 다림질해 놓은 듯 평평한 모래사장과 개펄.

　해변에서 바라보는 바다는 언뜻 보기에 단조롭게 보이나 그 속에 들

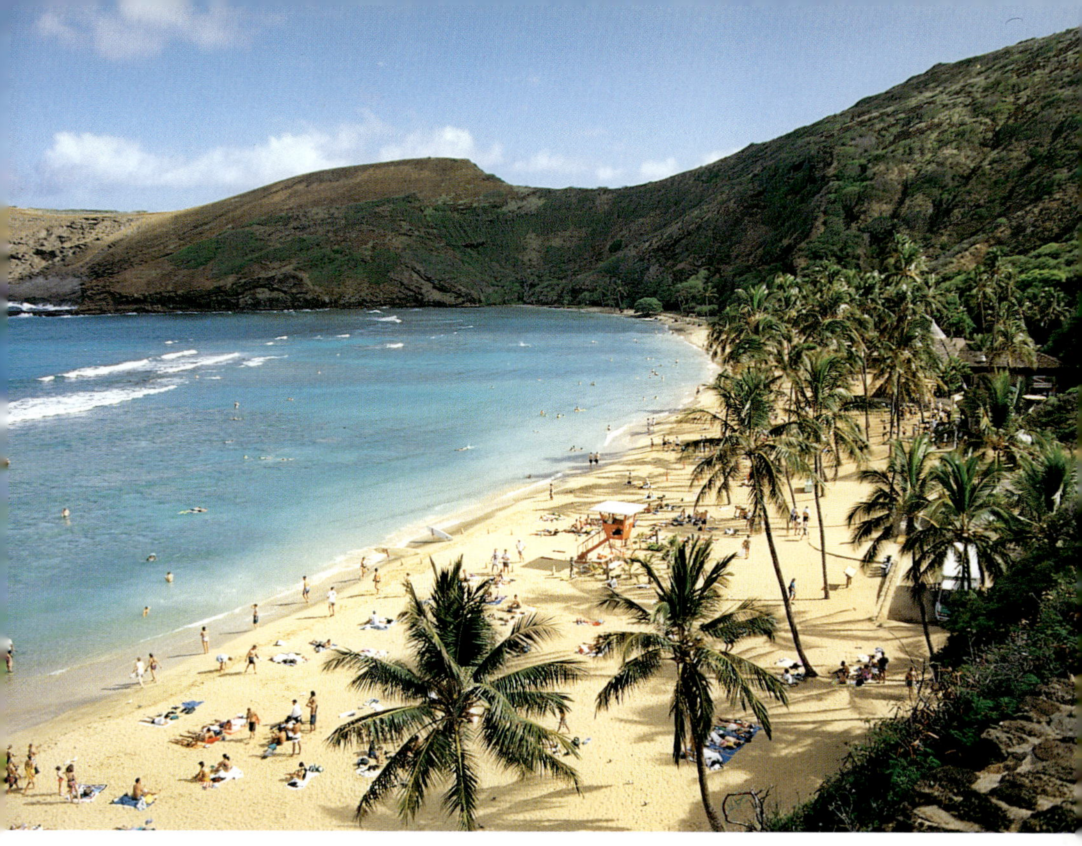

생명이 넘치는 바다 해변에서 바라보는 바다는 언뜻 보기에 단조롭게 보이나 그 속에 들어가 보면 무수히 많은 생명체가 도시보다 더 복잡하게 얽히고설켜 살아가고 있다. 미국 하와이 하나우마 베이.

어가 보면 무수히 많은 생명체가 도시보다 더 복잡하게 얽히고설켜 살아가고 있다. 우리 눈에 보이지도 않는 아주 작은 생물부터 지구상에서 가장 큰 동물인 고래에 이르기까지 아주 다양한 생물들이 바다를 보금자리로 삼아 살아가고 있는 것이다.

이 책에서는 해양 생물에 대한 자세한 자연 과학적인 설명보다 일반인들이 흥미를 느끼는 부분에 대해 두루 살펴보았다. 이 책이 바다를 사랑하는 사람들과 또 그 속에서 살아가고 있는 해양 생물에게 애정 어린 눈길을 줄 수 있는 사람들에게 조그만 보탬이 되었으면 한다.

해양 환경

바다의 크기

우리가 사는 지구에는 태양계 내의 다른 행성과는 달리 생물의 생존에 필요한 물이 있다. 물은 하천이나 강, 호수처럼 염분이 거의 없는 담수와 바다처럼 염분이 많은 해수 그리고 강과 바다가 만나는 하구의 물처럼 담수와 해수가 섞여 중간 정도의 염분을 갖는 기수로 구분된다. 해수는 지구상에 있는 전체 물의 99퍼센트를 차지하고 나머지 1퍼센트만 담수이다.

육지는 지구 표면적의 29퍼센트에 불과하고 나머지 71퍼센트는 바다이기 때문에 우리가 살고 있는 지구(地球)를 오히려 수구(水球)라고 불러야 마땅할 지경이다. 특히 남반구는 표면적의 80퍼센트가 바다이므로 우주에서 바라보면 마치 코발트색 공처럼 보인다.

해양에서 제일 깊은 곳은 서태평양의 마리아나 해구(Mariana Trench)로 수심이 1만 1,022미터나 된다. 육지에서 가장 높은 8,848미터의 에베레스트 산과 비교해 보면 얼마나 깊은 곳인지 짐작이 간다. 만약 육지의 흙으로 바다를 메워 지구 표면을 고르게 한다면 육지는 평균 수심

2,440미터의 바닷물 속에 잠겨 버리게 된다.

한편 3면이 바다로 둘러싸인 한반도에서 서해의 최대 수심은 105미터이고 평균 수심은 약 40미터이며, 남해도 대부분 수심이 200미터 이내로 모두 천해(淺海) 환경을 나타낸다. 그러나 동해는 최대 수심이 4,049미터이며 평균 수심도 1,684미터나 되는 심해(深海) 이다.

약 250만 년 전부터 시작된 신생대 제4기에는 빙하기와 간빙기가 여러 차례 있어 해수면의 변화가 심했다. 빙하기였던 2만 9,000년 전에는 해수면이 지금보다 200여 미터나 낮아 지금의 남해는 육지였으며 우리나라와 일본은 육지로 연결되어 있었다. 서해도 빙하기 때는 육지여서 우리나라와 중국이 서로 연결되어 있었다.

해저 지형

해저 지형은 수심이나 모양에 따라 대륙붕, 대륙 사면, 심해저 평원, 대양저 산맥, 해구, 해중산 등으로 구분된다.

대륙붕은 해안에서 수심 약 200미터까지의 경사가 완만한 곳으로 많은 생물들이 살고 있으며 어업 활동이 활발하여 경제적으로 중요한 곳이다. 해수면이 낮았던 1만 5,000년 전 마지막 빙하기 때에는 이곳의 대부분이 육지였다. 우리나라의 서해는 대륙붕으로 이루어져 있다.

대륙 사면은 대륙붕에서 바다 쪽으로 비교적 경사가 급한 해저 지형으로 평균 수심 약 3,500미터까지 발달한다. 심해저 평원은 수심 약 3,000미터에서 6,000미터 사이에 거의 일정한 수심을 가진 평탄한 지형으로 여러 가지 퇴적물로 덮여 있다. 대양저 산맥은 깊은 바다에 솟아 있는 산맥으로 화산 활동과 이에 따른 지진 활동이 활발한 지역이다. 해구는 해저에서 수심이 가장 깊은 곳으로 보통 6,000미터 이상 된다.

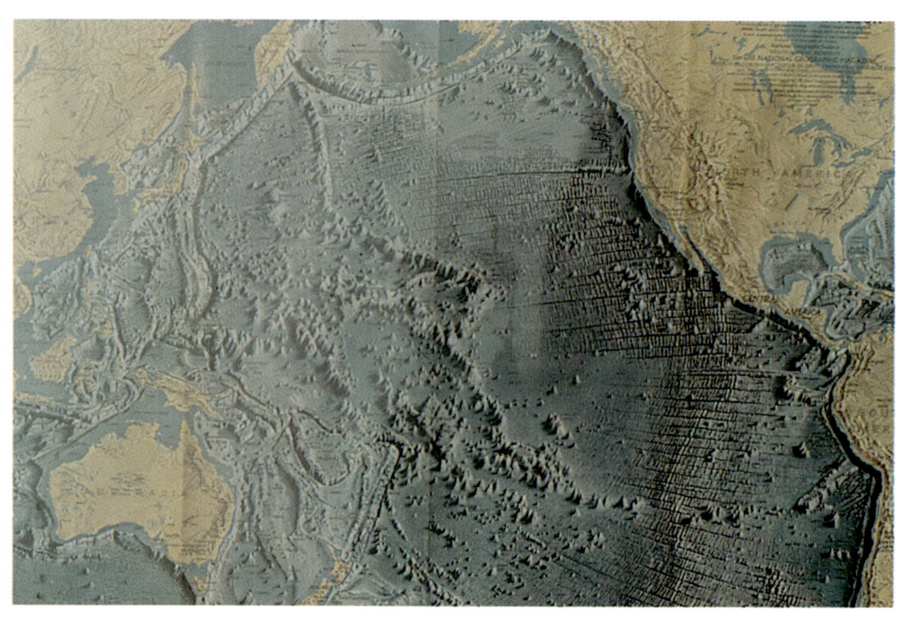

태평양의 해저 지도 해저에도 육지처럼 평원과 산맥이 있다.

해중산은 주위보다 약 1킬로미터 정도 높이 솟은 원형 또는 타원형 모양의 산 지형으로 태평양 해저에 특히 많다. 우리나라 주변 해역에도 해중산이 있으나 해수면 아래에 있기 때문에 찾기가 어렵다. 제주도 근해에서 전설의 섬으로 알려진 이어도가 발견되어 해양 과학 기지 건설을 계획하고 있고 울릉도 근해에서도 한국해양연구소 조사팀이 해중산을 발견하였다.

해류와 해수

해수가 일정한 방향으로 흐르는 것을 해류라고 한다. 해류는 지구 자전의 영향으로 북반구에서는 시계 방향으로, 남반구에서는 시계 반대

방향으로 흐른다. 해류는 바람이나 해저 지형 또는 해수의 밀도 차에 의해 발생하며 그 경로는 무선 신호를 송신하는 부표(浮標)의 움직임을 추적함으로써 알 수 있다.

해류에는 적도에서 고위도 방향으로 흐르는 난류와 극지방에서 적도로 흐르는 한류가 있고, 우리나라 근해에는 쿠로시오 해류(くろしお, 검은 해류), 쓰시마 난류, 한국 연안류, 북한 한류 등 여러 해류들이 흐르고 있다.

쿠로시오 해류는 필리핀 근처에서 우리나라 쪽으로 흘러오는 난류이며 제주도 남쪽에서 갈라져 대한 해협을 통과한다. 서해에는 한국 연안류가 흐르고, 동해에는 북쪽에서 찬 리만 해류와 북한 한류가 내려온다. 쿠로시오 해류는 속도가 빨라 초속 150센티미터에서 250센티미터 정도 된다. 이는 1시간에 5.4킬로미터에서 9킬로미터를 가는 속도로, 1시간에 평균 4킬로미터 정도 걸을 수 있는 사람의 속도보다 최대 두 배 이상 빠른 것이다.

육지에 가까운 연안의 해수에는 엽록소를 가진 식물 플랑크톤이 많이 살고 있어 녹색을 나타낸다. 그러나 쿠로시오 해류에는 식물 플랑크톤이 자랄 때 필요한 영양 염류가 적게 들어 있어 식물 플랑크톤이 적고 해수의 색깔이 검푸른 색이다. 쿠로시오 해류는 해양 환경이나 기후 조절에 중요한 역할을 하며 수온이 높고 염분이 높은 것이 특징이다. 높은 수온을 좋아하는 가다랭이나 새치는 쿠로시오 해류를 따라 우리나라 근처까지 온다. 이러한 쿠로시오 해류의 영향으로 제주도 인근 해역에서는 아열대 해역에 주로 서식하는 나비고기를 볼 수 있다.

바닷물이 파란 이유는 하늘이 푸르게 보이는 것과 같은 현상으로 태양 광선이 물 분자나 바닷물 속에 있는 작은 입자들에 의해 산란되기 때문이다. 태양 광선이 바다로 들어갈 때 파장이 긴 붉은 계통의 빛은 대부분 표층에서 흡수되지만 파장이 짧은 푸른 계통의 빛은 잘 흡수되지 않고 산란되어 결과적으로 바닷물이 푸르게 보이는 것이다. 그러나 해수의 색깔은 물 속에 있는 생물이나 부유 입자 등에 의해서 바뀔 수도 있다. 바닷물 속에 붉은 색소를 가진 식물 플랑크톤이 크게 번식을 하면 바닷물이 붉게 변하는 적조 현상이 나타난다.

식물 플랑크톤의 종류에 따라 바닷물은 녹색이나 황색으로도 변하게 된다. 아라비아 반도와 아프리카 대륙 사이에 있는 홍해는 붉은 색소를 가지고 있는 남조류 식물 플랑크톤이 많아 바닷물이 붉게 보이기 때문에 그렇게 불린다.

우리나라 서해를 '황해' 라고도 부르는 것은 중국의 양자강이나 우리나라의 한강과 금강처럼 큰 강이 흘러들면서 운반한 진흙과 점토 등에 의해 물 색깔이 누렇게 보이기 때문이다.

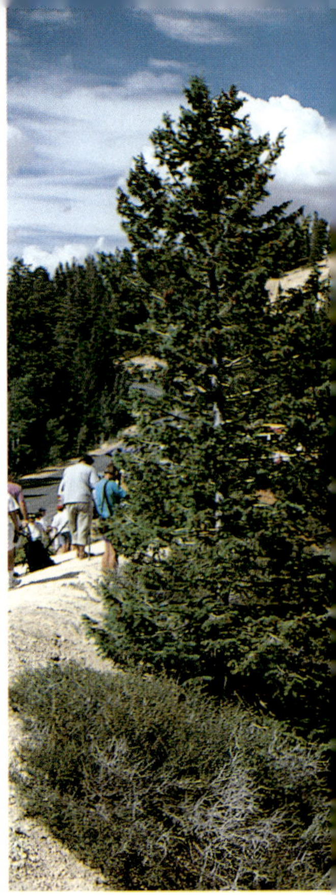

해수의 특징은 짜다는 것이다. 이는 암석에 들어 있던 염분이 오랜 세월 빗물에 씻겨 바다로 흘러들어가 해수가 증발할 때 수분만 증발하고 염분은 계속 남아 있기 때문이다.

해수에 포함된 염분의 양은 우리가 흔히 사용하는 백분율(퍼센트) 대신 동그라미 하나를 더 붙인 천분율(‰, 퍼어밀 또는 ppt)로 나타낸다. 바닷물 1킬로그램에는 평균 35그램 정도의 염분이 포함되어 있으므로 35퍼어밀의 염분이 들어 있는 셈이다.

만약 전세계의 해수를 모두 증발시켜 만든 소금을 지구 표면에 쌓는다면 약 150미터 높이의 소금층이 생길 수 있다. 해수에 녹아 있는 염분의 주성분은 소금 곧 염화나트륨(NaCl)으로 총염분 함량의 80퍼센트 정도 된다.

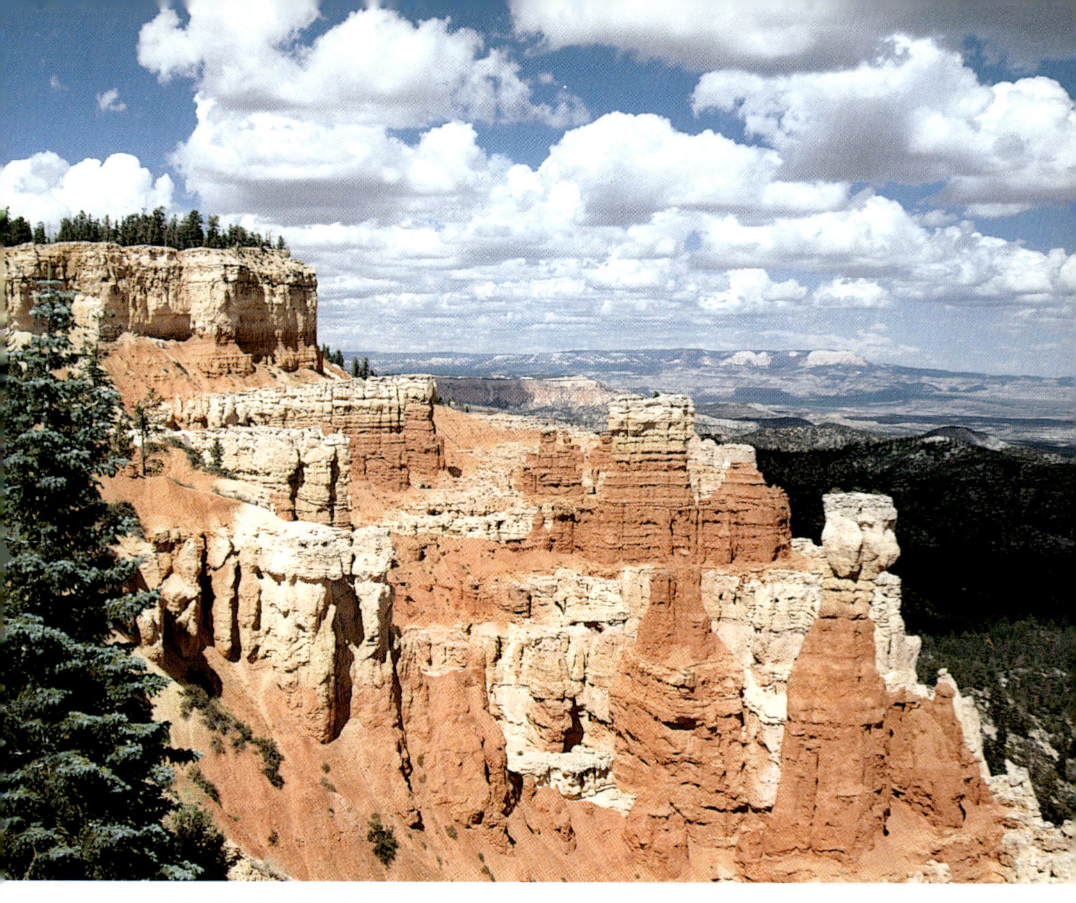

해수 염분의 근원 암석에 들어 있던 염분이 오랜 세월 동안 빗물에 씻겨 바다로 흘러들어가 바닷물이 짜졌다고 보기도 한다. 미국 유타 브라이스 캐년 국립공원은 풍화된 암석으로 절경을 이룬다.

파도

파도는 바람의 세기, 바람이 부는 시간, 바람과 해수 표면이 접촉하는 면적 등에 의해서 그 크기가 결정된다. 파도는 바람이 세게 오래 불수록 커지게 된다. 파도의 봉우리에서 봉우리까지 또는 골에서 골까지의 수평 거리를 파장이라 하고 파도의 골에서 봉우리까지의 수직 거리를 파고라 한다. 파고는 때로 30미터나 되어서 해안 지방에 큰 피해를 주기도 한다.

　　파도는 해안으로 밀려오면서 점점 파고가 높아지고 결국 깨져서 흩어진다. 이는 파도가 수심이 낮은 해안으로 오면서 아래쪽은 바닥과의 마찰 때문에 속도가 느려지고 위쪽은 속도가 상대적으로 빨라 결국 파도의 봉우리가 앞으로 넘어지기 때문이다. 파도를 보면 물결이 해안 쪽으로 전진하고 있는 것처럼 보이지만 해수 자체는 그 자리에서 원운동을 하고 에너지만 전달될 뿐이다. 이것은 줄을 양쪽 끝에서 잡고 흔들면 줄은 그 자리에 있고 진동파만 전달되는 것과 같은 이치이다.

　　파도는 해안과 경사지게 밀려오다가도 해안에 점점 가까이 다가올수록 해안과 평행하게 되는 것을 관찰할 수 있다. 이는 깊은 곳과 얕은 곳에서 파도의 속도가 달라 파도의 방향이 달라지는 굴절 현상 때문이다.

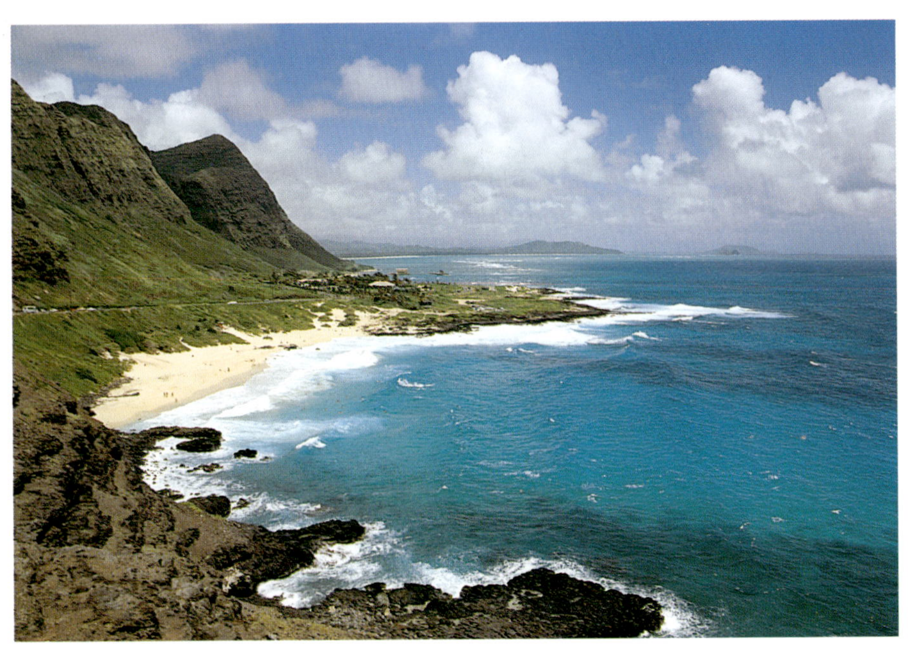

파도　파도는 해안선과 경사지게 밀려오다가 해안에 가까이 다가올수록 평행하게 된다. 미국 하와이 오아후 섬.

조석

    해수면은 하루에 두 번 높아졌다 낮아졌다 한다. 해면이 높아질 때를 밀물 또는 만조(滿潮)라 하고 낮아질 때를 썰물 또는 간조(干潮)라 한다. 밀물에서 다음 밀물까지는 약 12시간 25분 걸리므로 간·만조 시간은 하루에 50분씩 늦어진다. 이러한 조석(潮汐)은 지구에 작용하는 달과 태양의 인력 때문에 생긴다. 달의 인력에 의해 바닷물이 끌어당겨지는 쪽은 만조가 되며 인력과 직각 방향인 곳에는 물이 끌려가므로 간조가 된다.

    태양도 조석에 영향을 미치나 달보다 아주 멀리 떨어져 있기 때문에 그 영향력은 달보다 작다. 보름이나 그믐처럼 달과 태양이 일직선상에 있게 되면 달과 태양의 인력이 합쳐지므로 조석이 최대가 되고 이때를 사리 또는 대조(大潮)라 한다. 한편 반달일 때는 달과 태양이 직각 방향으로 위치하게 되어 바닷물을 끌어당기는 인력이 분산되므로 조석 간만의 차가 최소가 되며 이때를 조금 또는 소조(小潮)라 한다.

    우리나라 서해안은 썰물과 밀물의 차가 제일 클 때에 8미터 정도가 된다. 세계에서 간만의 차가 제일 큰 곳은 캐나다의 휜디 만(Fundy Bay)으로 약 5층 건물의 높이인 16미터 정도나 된다.

해양 생물

해양 생물의 탄생과 진화

과학자들은 우주 공간에 있던 가스와 먼지가 수축하면서 태양이 만들어졌고 태양 주변에 흩어져 있던 물질들이 뭉쳐져서 지구를 비롯한 행성을 이루게 되었다고 한다.

지구가 만들어진 것은 약 45억 년 전의 일로 추정된다. 수축된 지구는 인력이 커지면서 주변에 있던 물질을 잡아당겨 점점 커졌고, 엄청난 중력과 핵 반응으로 중심부의 온도가 높아져 마그마와 같은 액체 상태가 되었다.

자연히 무거운 물질들은 가라앉고 수소, 헬륨, 메탄, 이산화탄소, 암모니아, 황화수소, 수증기와 같은 가벼운 기체들이 화산 활동을 통해 지구 표면으로 분출되어 원시 대기를 만들었다.

오랜 시간이 흐르고 핵 분열이 줄어들어 지구가 식어 가면서 여러 가지 기체와 수증기는 응축하여 지표면의 낮은 곳에 고이기 시작했다. 이것이 바다의 시초라고 생각되며 지금으로부터 약 40억 년 전의 일이다. 이 원시 해양이 지구상에 생물을 출현시킨 모태가 된 것이다.

생명의 기원에 관한 다양한 설명 가운데 하나는 원시 지구의 환원 대기 환경에서 생명이 탄생하였다는 것이다. 원시 지구는 과연 생물이 자연 발생할 수 있는 적합한 환경이었을까.

원시 해양에 고인 물은 증발하여 구름이 되었다가 비가 되어 내리는 과정을 반복하면서 육상의 많은 화학 물질을 녹여 바다로 운반하였다. 이렇게 하여 원시 해양에는 여러 가지 화학 물질이 농축되었다. 원시 지구의 강한 자외선과 번개에 의해 농축된 화학 물질은 아미노산처럼 생물체를 이루는 물질이 만들어질 수 있는 계기가 되었다. 이 아미노산이 복잡하게 결합되고 그 주위에 세포막과 같은 얇은 막이 만들어져 코아세르베이트(coacervate)라는 원시 형태의 세포가 형성되었다.

과학자들은 지구상에 생물이 최초로 출현한 때를 약 35 내지 40억 년 전으로 추정하고 있다. 원시 형태의 세포는 오랜 지질학적인 시간을 거치는 동안 진화하여 현재와 같은 다양한 생물로 분화되었다.

원시 지구에서 유기 물질이 만들어졌을 것이라는 제안을 한 것은 러시아의 생화학자 오파린(A. I. Oparin)과 영국의 홀데인(J. B. S. Haldane) 등이었다.

미국의 밀러(S. Miller)는 실험실에서 원시 지구 환경을 재현하여 아미노산을 합성함으로써 이들의 제안을 입증하였다. 그러나 최초의 생명체가 어떻게 생겨났는지, 또 어떻게 진화되어 왔는지 정확히 알 수는 없다. 지금도 진화론자와 창조론자 사이에 끊임없는 토론이 진행되고 있는 것은 이런 연유에서다.

생명의 기원이야 어떠하든 최초의 생명이 육지보다는 바다에서 생겨났을 것이라는 주장은 타당성이 있어 보인다. 해양 환경은 여러 가지 면에서 육지 환경보다 안정되어 생물이 탄생하고 진화해 오기에 유리하였을 것이다. 물의 높은 비열 때문에 바다에서는 수온의 차가 적어 육지의 사막이나 남극의 동토 같은 극한 환경이 없다.

또한 바다에는 생물의 중요한 구성 요소인 물이 풍부하여 물 부족을 우려할 필요가 없다. 해수의 화학 성분이 바다와 육지에 살고 있는 많은 동물 체액의 화학 성분과 서로 비슷하고, 인간을 포함한 모든 동물이 물 속에서 초기 발생을 시작한다는 점도 바다가 생명의 고향임을 알려 주는 사실이다.

35 내지 40억 년 전에 생겨난 생물은 식물의 경우 약 4억 년 전까지, 동물의 경우 약 3억 년 전까지 육상으로 진출하지 못하고 바다에서만 생활하였다. 바다는 이들에게 안락한 보금자리였고 생물 진화의 요람이었다.

해양 생물의 진화에 대한 연구는 화석을 통해 이루어진다. 약 35억 년 전 지층에서는 박테리아 화석이 나타났고 30억 년 전 지층에서는 남조류의 화석이 발견되었다.

남조류는 지금까지도 바다는 물론 육상에도 서식하고 있다. 해류는 단세포 조류에서 다세포의 녹조류로 진화하였고 이어 홍조류와 크기가 큰 대형 갈조류로 진화하였다.

동물은 단세포 원생동물에서 다세포의 해면동물로 진화하였는데 6억 년 전 지층에서는 해파리가 속하는 강장동물과 갯지렁이가 속하는 환형동물 등 해양 무척추동물의 화석이 출토되었다.

무척추동물은 점차 우렁쉥이(멍게)나 창고기 같은 원시 형태의 척추를 가진 동물로 진화하였다. 이후 상어나 가오리 같은 연골 어류들이 출현하였고, 이어 단단한 뼈를 가지고 있는 경골 어류가 등장하였다.

살아 있는 화석이라 불리는 실러캔스(coelacanth)는 지느러미에 근육질이 발달하여 육상 동물의 다리로 진화해 가는 과정을 보여 준다. 한편 폐어는 수중에서 호흡하던 생물이 허파를 이용해 산소 호흡을 하게 되는 과정을 보여 준다. 이렇게 하여 해양 생물은 서서히 그들의 서식지를 육상으로 넓혀 나가게 되었다.

해양 생물의 분류

광대한 바다에는 크기가 1,000분의 1밀리미터(1마이크로미터)가 채 되지 않는 미생물에서 길이가 30미터에 달하는 고래까지 아주 다양한 크기의 생물들이 살고 있다. 해양 생물은 육지에 살고 있는 생물과 달리 우리가 주변에서 흔히 볼 수 없기 때문에 신비로운 대상으로 여겨지고 있다.

해양 생물은 생활 형태에 따라 부유 생물(플랑크톤, plankton), 유영 생물(nekton), 저서 생물(benthos)로 분류된다. 운동 능력이 약하거나 없어서 물의 흐름에 의해 떠다니며 생활하는 것을 부유 생물, 어류와 같이 유영 능력이 뛰어나 자력으로 이동할 수 있는 것을 유영 생물이라 한다. 또 암반, 모래, 펄과 같이 해양의 바닥에서 생활하는 것을 저서 생물이라 한다.

부유 생물 – 마이크로의 세계

　물에 떠서 사는 생물을 플랑크톤 또는 부유 생물이라 하는데 플랑크톤은 크게 식물 플랑크톤과 동물 플랑크톤으로 분류된다.

　식물 플랑크톤은 몇 마이크로미터에서 수백 마이크로미터 정도의 크기로 육안으로는 볼 수 없으며 현미경을 통해서만 관찰이 가능하다. 동물 플랑크톤 가운데 길이가 수미터나 되는 대형 해파리도 있지만 대부분은 수십 마이크로미터에서 몇 밀리미터까지로 역시 현미경을 통해서 볼 수 있다.

　플랑크톤은 비록 크기는 작지만 숫자는 아주 많아 바닷물 1리터 안에 식물 플랑크톤은 수천 만 개체, 동물 플랑크톤은 수백 마리까지 들어 있다.

식물 플랑크톤

식물 플랑크톤은 왜 작을까

식물 플랑크톤은 육지의 녹색 식물들처럼 광합성을 통해 유기 물질을 만들며 초식 동물의 먹이가 된다. 식물 플랑크톤의 역할은 육상 식물과 같으나 크기에는 큰 차이가 있다. 육상 식물은 초식 동물보다 큰 경우가 대부분이나 식물 플랑크톤은 크기가 아주 작다.

바다에 사는 식물 플랑크톤은 왜 작은 것일까. 식물에게는 빛이 생명 줄이다. 빛은 바닷속으로 투과되면서 점점 흡수되어 수심이 깊어질수록 약해진다. 육상 식물이 조금이라도 빛을 더 받기 위해서 경쟁하듯이 식물 플랑크톤 역시 생존을 위해 빛이 풍부한 표층에 머물러 있어야 한다. 여기에 해답이 있다.

생태학에서는 '표면적 대 부피의 비'라는 수치를 사용한다. 표면적은 길이의 제곱에 비례하고 부피는 길이의 세제곱에 비례하므로 생물의 크기가 작아지면 상대적으로 단위 부피당 표면적이 늘어나게 된다. 그러면 물과 접촉할 수 있는 면적이 커져 마찰 저항도 커지게 되므로 그만큼 가라앉는 속도가 느려지는 것이다. 곧 크기가 작을수록 빛이 풍부한 표층에 오래 남아 있을 수 있게 된다.

영양분도 식물의 성장에는 필수적인 것이다. 크기가 작을수록 부피에 대한 표면적의 비가 커져 식물 플랑크톤은 영양분도 효율적으로 흡수할 수 있다. 이러한 원리는 육상 식물의 뿌리털, 동물 창자의 융털돌기, 물고기의 아가미에서도 그 실례를 찾을 수 있다.

식물 플랑크톤의 종류

식물 플랑크톤 가운데 가장 흔한 것은 규소로 된 껍질을 갖고 있는 규조류이다. 규조류는 죽은 뒤 바닥에 가라앉아 도자기를 만드는 원료인 규조토가 되며 도공의 예술혼이 담긴 도자기로 다시 태어난다. 더욱 경이로운 것은 규조류의 껍질 그 자체가 예술품이라는 것이다.

전자 현미경으로 본 규조류의 껍질은 어느 조각가도 만들어내지 못할 황홀한 조각품이다. 불과 수백 분의 1밀리미터 밖에 안 되는 아주

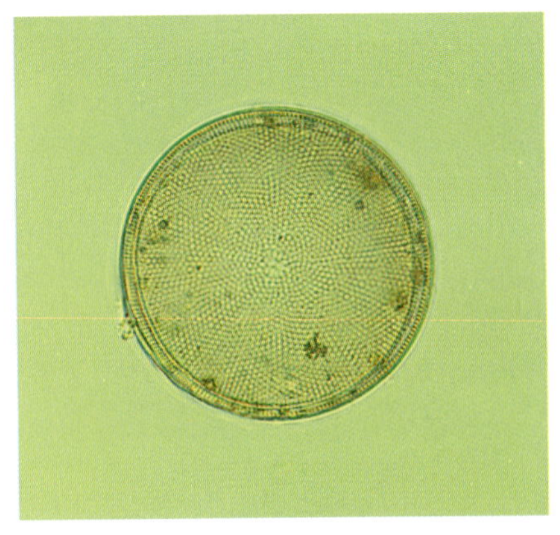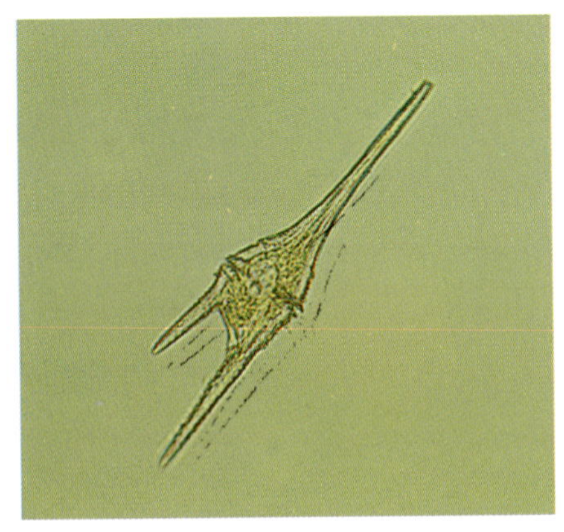

규조류 규조류는 규소 성분의 껍질을 가지고 있으며 규조토의 원료가 된다. 체모양원반말(*Coscinodiscus*) 종류이고 크기는 약 200마이크로미터이다. 경남 진해. (왼쪽)
와편모조류 편모를 이용해 움직일 수 있는 와편모조류인 뿔말(*Ceratium*) 종류로 크기는 30 내지 40마이크로미터 정도 된다. 경남 진해. 사진 오귀숙. (오른쪽)

작은 곳에 온갖 정교한 무늬를 조각해 놓은 자연의 신비가 그저 놀라울 따름이다. 규조류들은 번식할 때 두 개의 껍질이 서로 갈라져서 각각 새로운 규조류가 되며 때로는 포자를 만들어 번식하기도 한다.

와편모조류 역시 중요한 식물 플랑크톤이다. 이들은 편모라 불리는 작은 털을 두 개 갖고 있다. 와편모조류들도 규조류와 마찬가지로 단세포 식물이지만 모두가 다 광합성을 하는 것은 아니고 종류에 따라 광합성을 하지 않고 동물처럼 기존의 유기물을 이용하여 생활하는 것도 있다. 와편모조류들은 편모를 가지고 있어 미약하나마 운동을 할 수 있는 특징이 있다. 규조류는 일반적으로 수온이 낮을 때 잘 번식하는데 와편모조류들은 수온이 높아야 더 잘 번식한다. 이들은 환경 조건이 맞으면 때때로 대량 번식하여 적조 현상을 일으키기도 한다.

우리나라에서 조사된 식물 플랑크톤은 규조류가 660여 종, 와편모조류가 190여 종으로 총 750종 이상이 된다. 규조류와 와편모조류 이외의 식물 플랑크톤 종류로는 남조류, 녹조류, 유글레나류 등이 있다.

적조 현상

식물 생장에 필요한 영양 염류가 많아지고 수온 등 환경이 알맞으면 식물 플랑크톤들이 대량으로 번식하여 그 수가 급격히 증가하게 된다. 그러면 이들이 가지고 있는 붉은 색소 때문에 바닷물이 붉게 변하게 되는데 이를 적조 현상이라고 한다.

적조가 발생하면 해수 1리터 속에 식물 플랑크톤이 수억 개체가 들어 있는 경우도 있다. 와편모조류 뿐만 아니라 미소편모조류, 남조류, 규조류나 섬모충류도 대발생을 하여 바닷물의 색깔을 바꾸기도 하는데 이들이 가지고 있는 색소에 따라 바닷물이 누렇게 보이는 황조 현상, 녹색으로 보이는 녹조 현상 등이 나타난다.

『조선왕조실록』에는 세종 때 마산 인근 해역에서 적조가 발생했다는 기록이 있다. 오래 전에도 적조는 있었으나 최근 해양 환경 오염의 문제가 심각해지면서 적조 빈도와 발생 해역이 급격히 늘고 있는 것이 문제이다.

이렇게 많은 수의 식물 플랑크톤은 물고기가 호흡하기 위해 물을 아가미로 통과시킬 때 아가미를 막아서 질식시키기도 한다. 또 이들이 대량 번식했다가 죽으면 박테리아에 의해 분해가 되고 이때 물 속에 녹아 있는 산소가 고갈되므로 물고기와 같이 호흡을 해야 되는 생물은 살 수 없게 된다.

한편 적조를 일으키는 와편모조류나 규조류 중에는 독소를 만드는 것이 있어 물고기의 신경을 마비시키고 호흡 장애를 일으키기도 한다. 이 독소가 든 해산물을 사람이 먹으면 마비성 패독(PSP ; Paralytic Shellfish Poisoning), 설사성 패독(DSP ; Diarrheic Shellfish Poisoning), 신경성 패독(NSP ; Neurotoxic Shellfish Poisoning), 기억상실성 패독(ASP ; Amnesic Shellfish Poisoning) 현상 등을 일으켜 열이 오르고 몸이 마비되거나 설사를 하고 기억 장애가 나타나는 경우가 있으니 적조 현상이

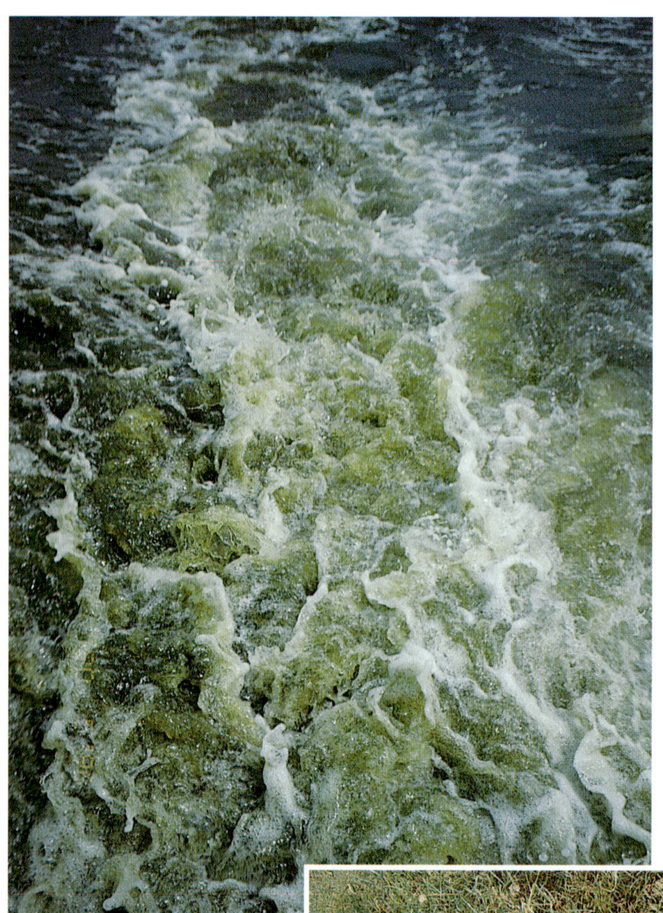

적조 현상 식물 플랑크톤이 대량으로 발생하면 이들이 가지고 있는 광합성 색소 때문에 해수의 색깔이 바뀌게 되는데 그 색소에 따라 적조·황조·녹조 현상 등이 나타난다. 위는 경남 마산만, 오른쪽은 강원도 속초의 영랑호에 녹조 현상이 일어났을 때의 광경이다.

있는 바다에서 수확한 해산물을 먹을 때는 조심해야 한다.

1995년 가을 남해안에서 대규모 적조를 일으켜 수산업과 양식업에 수백억 원의 피해를 낸 것도 코클로디니움(*Cochlodinium*)이라는 와편모조류였다.

야광충은 먹이 섭취 방법이 동물적이어서 동물 플랑크톤으로 분류되는데 크기가 1밀리미터밖에 안 되는 편모충류로 적조를 유발하기도 한다. 이때 바닷물은 토마토 케첩을 풀어 놓은 듯이 붉게 변한다. 그러나 이들은 충격을 받으면 빛을 내는 특징이 있어 밤 바다에 은하수처럼 환상적인 분위기를 연출하기도 한다.

동물 플랑크톤

동물 플랑크톤은 미약한 운동 능력을 가지고 있다. 그러나 그것은 인간의 주관적인 판단일 뿐이다. 만일 벼룩이 사람만 하다면 틀림없이 백두산도 뛰어넘는 높이뛰기 선수가 될 것이다. 단지 크기가 작아서 뛰어 봐야 벼룩인 셈이다. 동물 플랑크톤도 벼룩과 마찬가지 경우이다.

동물 플랑크톤 가운데 가장 흔한 요각류의 유생을 현미경에 연결한 비디오로 촬영하여 유영 속도를 측정한 뒤 이들의 크기가 치타 정도 된다고 가정하여 속도를 환산하였다. 아프리카 초원에 사는 치타는 최대 속도가 시속

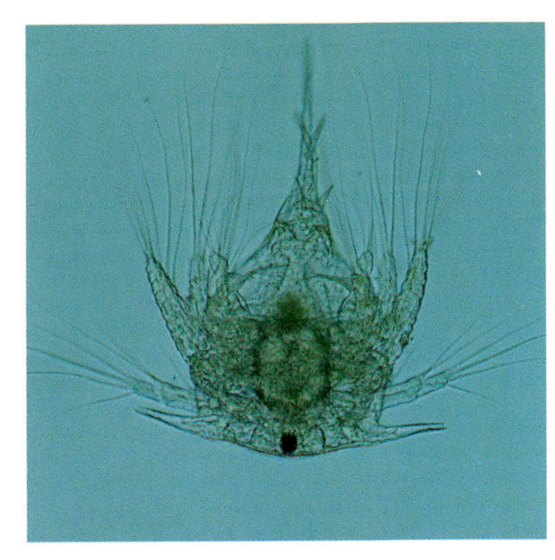

따개비의 노플리우스 유생 동물 플랑크톤 중에는 다양한 저서 생물의 부유성 유생이 포함된다. 경남 거제.

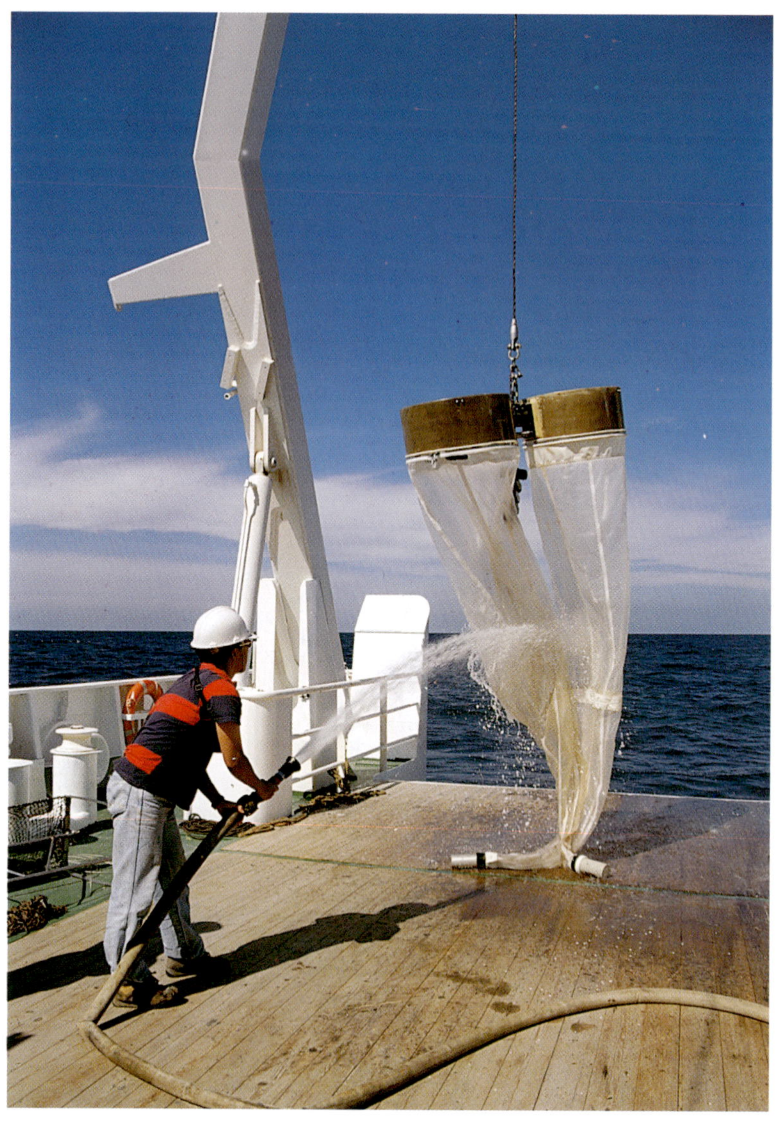

플랑크톤 표본 조사　한국해양연구소 조사선인 '온누리호'에서 동물 플랑크톤 네트를 이용해 채집하고 있다. 경북 포항 앞바다.

100킬로미터나 되는 가장 빠른 동물로 알려져 있는데 요각류의 유생은 시속 600킬로미터 정도까지 유영할 수 있다는 계산이 나온다. 웬만한 비행기의 속도와 같다. 그러나 크기가 작아 육안으로 보기에는 역시 운동 능력이 형편없어 보인다.

대부분의 동물 플랑크톤은 식물 플랑크톤과 마찬가지로 크기가 아주 작다. 세포 하나로 된 원생동물은 크기가 20마이크로미터보다 작은 것도 있어 현미경 없이는 관찰할 수 없다. 그러나 고깔해파리처럼 촉수의 길이가 10미터가 넘는 것도 있다. 동물 플랑크톤은 아주 다양한 동물들로 이루어졌으며 물 움직이는 대로 방랑자 생활을 한다.

일생을 물에 떠서 생활하는 동물 플랑크톤도 있고 바닥에 사는 저서 동물의 유생처럼 어린 시기에 일시적으로 플랑크톤 생활을 하는 것도 있다. 따개비, 성게, 불가사리 등은 모두 바닥에서 생활을 하나 어린 시기에는 부유 생활을 하며 부유성 유생은 성체와는 전혀 다른 모양을 하고 있다.

이들이 부유 생활을 함으로써 얻을 수 있는 장점이 있다. 수층에 살며 3차원 공간을 활용하는 동물과 비교해 바닥에 사는 동물들은 서식지가 비좁아 항상 공간 확보를 위한 경쟁이 치열하다. 그래서 마치 민들레가 홀씨를 바람에 날려 번식하듯 저서 생물은 그들의 유생을 물에 흘려 보낸다. 유생들은 물에 떠다니다가 살기에 적합한 곳이 나타나면 바닥으로 내려가 정착한다. 바닥에 붙어 살거나 움직임이 느린 동물들에게는 새로운 장소를 찾고 영역을 넓힐 수 있는 좋은 기회가 되는 것이다.

원생동물

해양에 사는 단세포 동물에는 섬모충류, 유공충류, 방산충류, 편모충류 등이 있다. 섬모충류는 크게 섬모라는 짧은 털을 가지고 운동을 하며 껍질이 없는 섬모충류와 껍질이 있는 유종섬모충류로 나눌 수 있다.

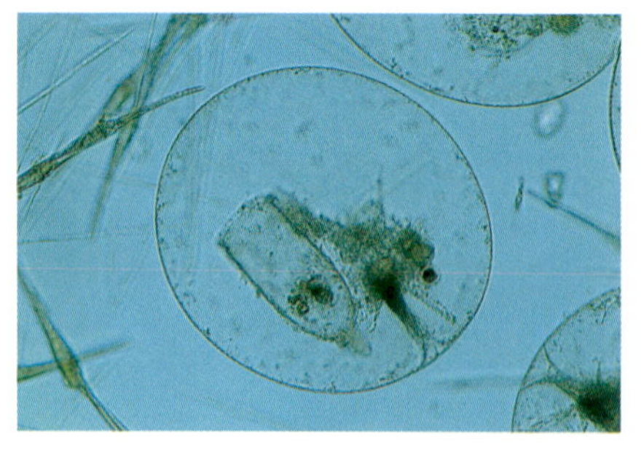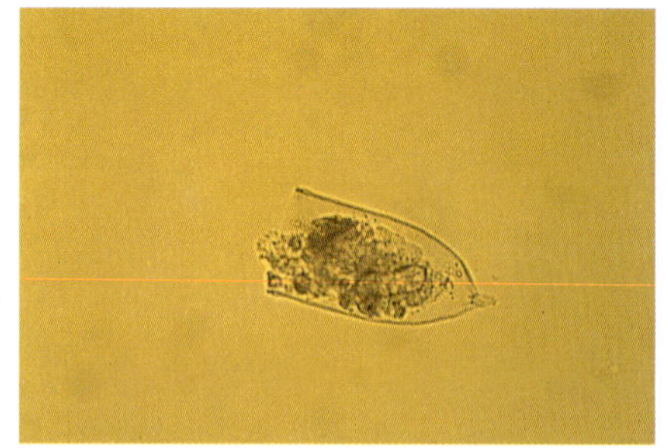

편모충류 다른 동물 플랑크톤을 잡아먹기도 하는 야광충은 편모충류에 속한다. 경남 거제. (왼쪽)
유종섬모충류 종 모양의 껍질을 가지고 있어 유종섬모충류라고 불린다. 미국 뉴욕 롱 아일랜드. (오른쪽)

유종섬모충류는 마치 종 모양의 껍질을 가지고 있기 때문에 붙여진 이름이다.

유공충류는 크기가 1밀리미터 미만에서 수밀리미터까지이다. 대부분의 유공충류는 저서 생활을 하며 극히 일부만 부유 생활을 한다. 탄산칼슘이 주성분인 껍질을 가지고 있으며 표면에는 작은 구멍이 있고 여러 개의 방으로 나뉘어 있다. 아메바처럼 세포질을 구멍 밖으로 내밀어 박테리아나 식물 플랑크톤을 잡아먹고 산다. 깊은 바다 밑에는 이들의 껍질이 가라앉아 탄산칼슘의 퇴적물을 이루고 있는 곳이 있다.

방산충류는 50마이크로미터보다 작은 것부터 수밀리미터되는 것까지 다양하다. 규소 성분의 껍질을 가지고 있으며 방사상으로 침이 있어 아름다운 모양을 하고 있다. 특히 열대 해역에서 흔히 볼 수 있다.

해파리

동물 플랑크톤 가운데 우리에게 가장 친숙한 것은 해파리일 것이다. 해파리는 대부분 우산 모양을 하고 있으며 둘레에 많은 촉수를 가지고

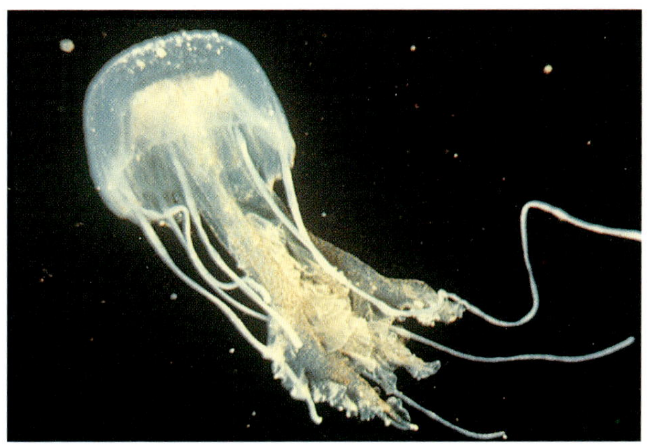

해파리 대부분 우산 모양을 하고 있으며 둘레에 많은 촉수를 가지고 있는데 촉수에 자세포가 있어 먹이를 마비시킨다. 사진 해양연구소.

있다. 투명한 젤리처럼 생긴 몸의 대부분이 물로 되어 있어 아주 약하다. 큰 것도 많아 해수욕장에서 흔히 볼 수 있으며 가끔 백사장에 밀려와 쌓여 있는 것도 볼 수 있다. 이들은 우산 모양의 몸체를 수축하면서 헤엄을 친다. 해파리들은 먹이를 잡을 때 촉수를 사용하여 먹이를 마비시킨다.

히드라충류의 유생 해파리들은 크기가 작아 현미경으로 보아야 자세히 관찰할 수 있다. 그러나 고깔해파리는 군체로 되어 있고 촉수가 길게 늘어져 있는데 그 길이가 수미터나 되기도 한다.

이 고깔해파리와 상자해파리는 촉수에 독이 있는 자세포를 가지고 있어 사람도 쏘이면 사망하는 수가 있으므로 조심해야 한다. 서양에서는 고깔해파리를 포르투갈 전사(Portuguese man-of-war)라고 하고 상자해파리는 바다의 말벌(sea wasp)이라 부른다. 이름에서도 이들이 위험한 동물이라는 인상을 받을 수 있다.

예민한 사람은 다른 해파리들도 만지면 마비가 되어 손의 감각이 둔해지는 것을 느낄 수 있으나 상자해파리나 고깔해파리처럼 위험하지는 않다.

우리나라와 일본, 중국에서는 해파리를 요리 재료로 이용해 왔으며 미식가들은 그 꼬들꼬들한 맛 때문에 해파리냉채를 즐겨 찾는다.

요각류

요각류는 바다에서 가장 흔하게 볼 수 있는 동물 플랑크톤이다. 물론 현미경을 통해서 보아야 하지만 요각류는 마치 새우의 축소판처럼 생겼으나 새우와는 먼 친척일 뿐이다.

이들이 하는 역할은 생태계의 생산자와 상위 소비자를 연결해 주는 다리 역할을 한다. 다시 말해 식물 플랑크톤이 만든 에너지를 섭취하고 자신은 어류와 같은 상위 영양 단계에 있는 생물의 먹이가 된다. 초식성 요각류는 물 속에 있는 식물 플랑크톤을 걸러서 먹는다.

동물은 대체로 외모로 보아 암수 구별이 가능하다. 그러나 커 봐야 몇 밀리미터 정도밖에 안 되는 요각류에게도 암수 구별이 있으니 신비롭다. 수컷은 교미를 할 때 암컷을 붙잡기 위해 갈고리 모양의 다리나 안테나를 가지고 있어 암컷과 구별이 된다. 암컷은 꼬리 부분에 알 주머니를 달고 다니기도 한다.

현재까지 남해에는 부유성 요각류가 179종, 서해에는 148종이 서

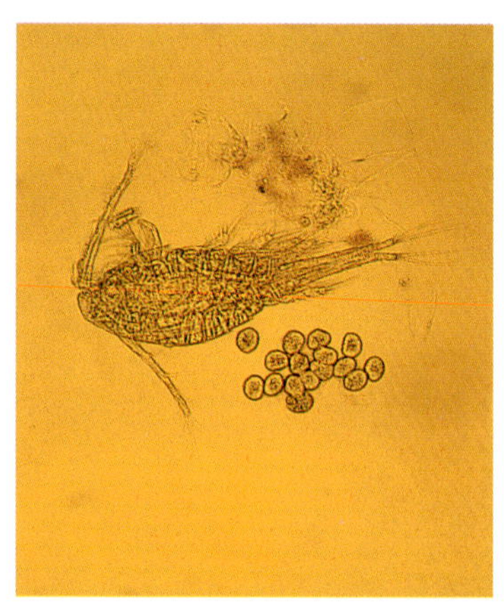

요각류 바다에 가장 흔하게 있는 동물 플랑크톤으로 알 주머니를 달고 다니는 모성애를 보이는 것도 있다. 미국 뉴욕 롱아일랜드.

식하는 것으로 조사되었다. 이 가운데 67종은 남해에서만, 28종은 서해에서만 발견되었고 112종은 서해와 남해에서 모두 볼 수 있다. 따라서 서·남해의 요각류는 총 207종이 있는 셈이고 동해 요각류에 대한 조사가 되면 그 수는 더 늘어날 것이다.

난바다곤쟁이류

크릴(krill)은 난바다곤쟁이류에 속하며 남극에서 많이 발견되므로 남극새우라고도 불린다. 이들의 모양은 새우와 비슷하며 길이는 5센티미터쯤 된다. 크릴은 식물 플랑크톤을 먹고 사는 대신 고래, 펭귄, 물고기들의 중요한 먹이가 된다.

남극은 여름이면 낮이 계속되고 겨울에는 밤이 계속된다. 크릴은 특히 남극의 여름철에 다른 큰 동물의 먹이로 중요한 역할을 한다. 크릴은 자원량이 많고 남빙양에 밀집해 있어 쉽게 어획할 수 있기 때문에

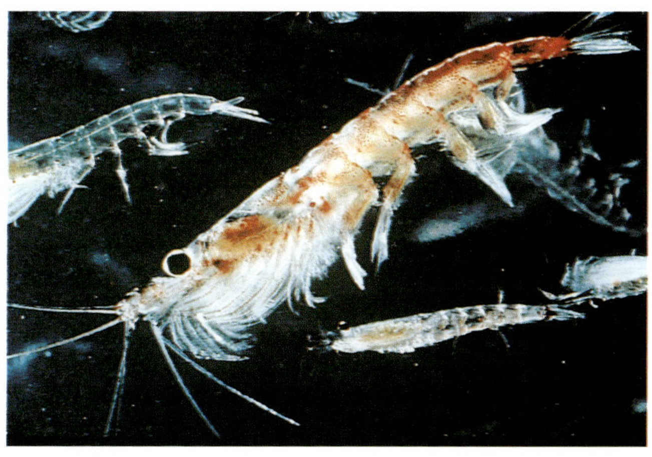

크릴 난바다곤쟁이류에 속하는 크릴은 새우와 비슷하게 생겼으며 남빙양의 고래 먹이로 중요한 역할을 한다. 사진 해양연구소.

인간의 식량 자원이나 가축의 사료로 개발하려는 노력이 이루어지고 있다. 생긴 모습이 새우와 비슷하나 맛이 떨어져 주로 어묵이나 맛살 등을 만들 때 사용한다.

크릴은 떼를 지어 생활을 하며 해수 1세제곱미터 당 1만 5,000마리 이상이 모여 있을 때도 있다. 이들의 몸은 투명하나 붉은 점들이 있어 떼를 지어 있으면 바닷물이 붉게 변하기도 한다. 또 발광기관을 갖고 있어 밤에는 바다를 아름다운 빛으로 수놓기도 한다.

우리나라에서는 동해에 서식하는 난바다곤쟁이류가 원자력 발전소의 취수구를 막아 발전을 중단하는 사태를 야기한 적이 있다.

지각류

해수보다는 연못이나 호수와 같은 담수에 더 많이 살고 있으며 비록 종 수가 적기는 하지만 바다와 강이 만나는 하구나 연안에서 발견되기도 한다.

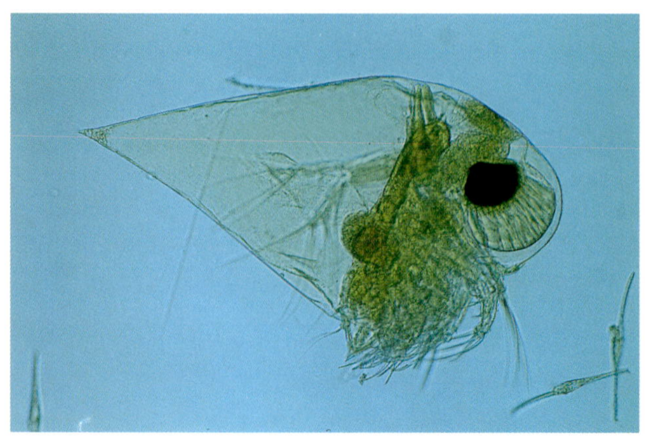

지각류 머리에 커다란 눈을 가진 지각류는 몸을 둘러싸고 있는 껍질이 있으며 암컷 혼자 처녀 생식을 할 수 있다. 경남 거제. 사진 오귀숙.

우리나라 연안에서는 6종이 살고 있는 것으로 알려져 있다. 이들은 주로 식물 플랑크톤을 먹지만 요각류와는 달리 아주 작은 박테리아도 먹을 수 있다. 지각류는 몸을 둘러싸고 있는 껍질이 있으며 머리와 다리만 껍질 밖으로 돌출되어 있다.

암컷은 몸의 껍질 속에 많은 알을 가지고 있어 껍질이 더 크며 둥그렇고 수컷의 껍질은 작고 뾰족하게 생겼다. 머리에 커다란 눈을 가지고 있는 것이 특징이다.

지각류는 처녀가 애를 낳는 이른바 처녀 생식을 할 수 있다. 지각류는 주변 환경이 살기 좋을 때는 수컷 없이 암컷 혼자 번식을 하여 많은 자손을 빨리 퍼뜨리는 전략을 쓴다. 그러나 환경이 나빠지면 암컷과 수컷이 함께 새 개체를 만드는 유성 생식을 한다.

화살벌레

화살벌레는 모양이 화살을 닮았을 뿐만 아니라 헤엄을 칠 때도 마치

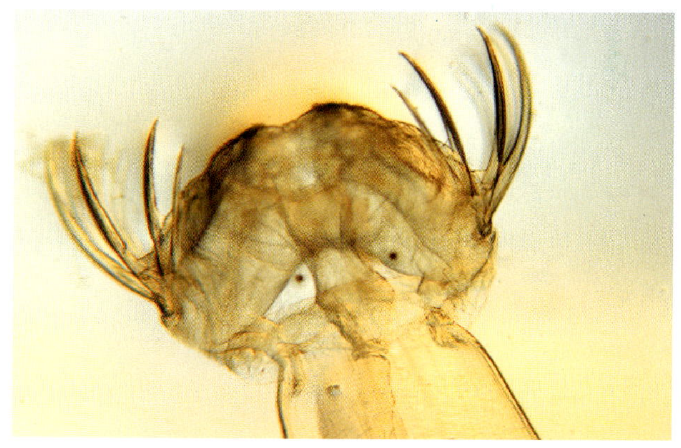

화살벌레 턱 주변에 악모라 불리는 강한 털을 이용해 먹이를 잡는 화살벌레는 먹이가 가까이 다가올 때까지 가만히 있다가 갑자기 달려들어 먹이를 공격한다. 부산.

화살이 날아가는 듯하여 이러한 이름을 갖게 되었다. 크기도 다른 동물 플랑크톤보다 커서 수센티미터까지 된다. 전세계에 70여 종의 화살벌레가 있으며 우리나라 주변 바다에는 19종이 살고 있다.

이들은 턱 주변에 악모라고 불리는 강한 털이 있어 이것을 이용하여 먹이를 잡는다. 화살벌레는 먹이가 가까이 다가올 때까지 가만히 있다가 갑자기 달려들어 먹이를 공격한다. 주로 요각류들이 희생양이 되나 새끼 물고기인 치어도 공격을 당한다.

이들은 머리에 한 쌍의 안점이 있어 눈으로 먹이를 찾으나 먹이가 움직일 때 생기는 진동을 느끼는 감각기관이 있어 이것으로도 먹이를 찾는다.

과학자들은 화살벌레가 들어 있는 비커 속에 유리막대를 넣고 이것을 여러 가지 주파수로 진동을 시켜 보았는데 이때 화살벌레들이 특정한 주파수에만 반응을 하여 유리막대를 공격한다는 것을 알아냈다. 이들은 선호하는 환경이 종마다 달라서 해양 환경을 파악하는 지표 생물로 이용되기도 한다.

저서 생물-바닥이 보금자리

바다 밑바닥은 동해안의 백사장처럼 모래로 된 곳, 서해안의 개펄처럼 진흙으로 된 곳, 자갈이나 암반으로 된 곳 등 다양하다. 바다가 조용한 곳에는 미세한 점토가 쌓여 개펄이 만들어지고 바다가 거칠면 점토는 쌓일 틈이 없고 굵은 모래가 쌓여 백사장이 형성된다. 파도가 아주 거친 곳은 주로 암반 해안이 형성되어 있다. 이렇게 다양한 바다 밑바닥에는 제각기 그곳에 가장 적합한 생물들이 살고 있다.

개펄이나 백사장에는 게나 조개, 갯지렁이처럼 구멍을 파고 숨어 사는 동물들이 많다. 그러나 암반 해안은 구멍을 파고 사는 생물들에게는 황무지나 다를 바 없다. 대신 따개비처럼 바위 표면에 붙어 사는 생물들이 많다. 이렇게 바닥에 붙어 살거나 해저를 생활 무대로 하는 생물을 저서 생물이라 하며 동물 뿐만 아니라 해조 같은 식물도 포함된다.

조간대의 생물

조간대는 만조 때 물에 잠기고 간조 때 공기 중에 노출되는 곳을 말

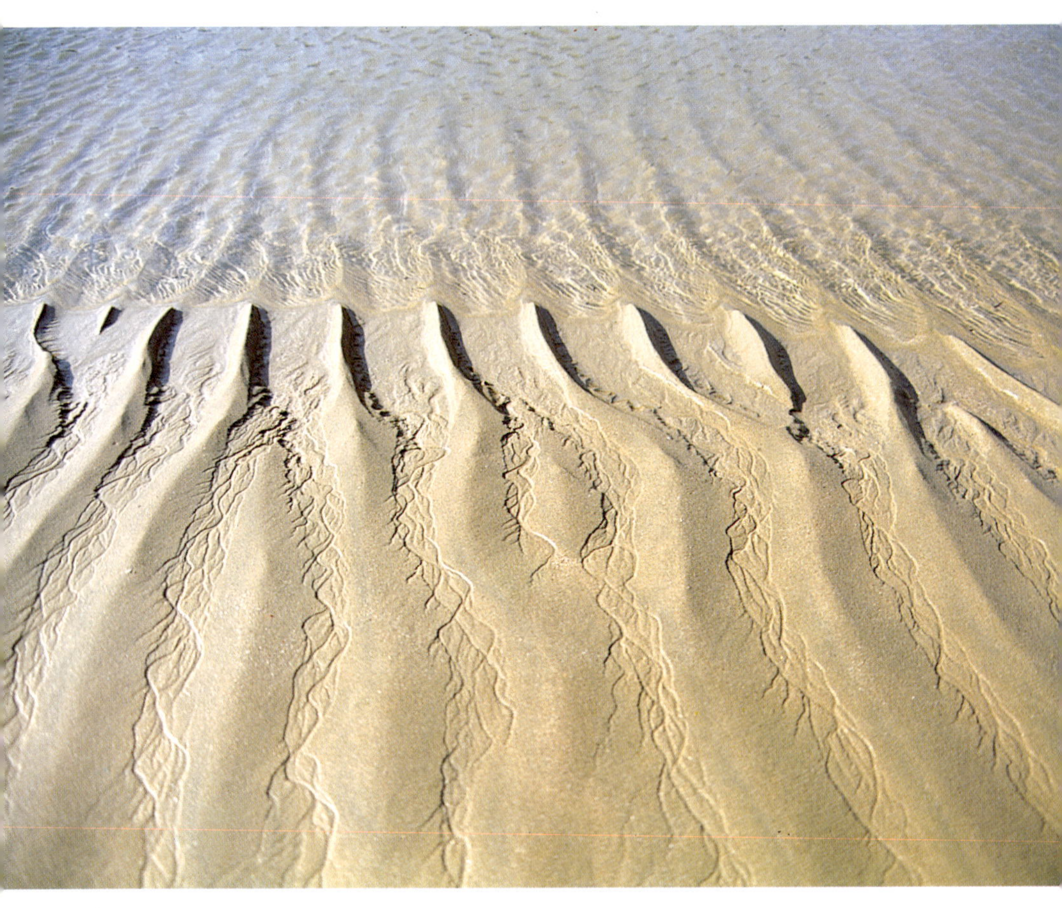

백사장 파도가 백사장에 만들어 놓은 물결 자국이다. 모래 속에는 다양한 종류의 해양 생물들이 살고 있다. 충남 학암포.

한다. 간조 때 우리가 쉽게 접근할 수 있는 곳이기 때문에 조간대의 생물은 우리와 비교적 친근한 것이 많다. 그러나 조간대는 해양 생물들이 살기에 결코 안락한 장소는 아니다. 때론 거친 파도를 이겨내야 하고 간조 때는 물 밖에 노출되어 몸이 마르는 고생도 감수해야 한다. 그러므로 조석에 따른 급격한 환경 변화에 잘 적응하는 생물들만이 살아갈 수 있는 곳이다.

공기에 노출되어 있는 시간은 조간대의 위쪽으로 올라갈수록 길어진다. 자연히 건조에 잘 견디는 생물들은 조간대의 위쪽에 모이고 그렇지 않은 생물일수록 아래쪽에 모이게 된다. 조간대에 살고 있는 생물은 건조에 견디는 능력에 따라 분포 형태가 띠 모양을 이루는 특징이 있으며 이런 것을 대상 구조(帶狀構造)라 한다.

조간대 위쪽에 사는 생물부터 살펴보면 갯강구, 총알고둥이 있고 아래쪽으로 가면서 따개비, 홍합, 말미잘 등이 살고 있다. 조간대에 살고 있는 생물들은 건조 방지를 위해 밀집해 서식하며 바위에 단단히 밀착해 수분 손실을 최소화한다.

습기가 비교적 오래 간직되는 바위틈 같은 곳에서는 이동성 있는 갯강구, 총알고둥, 게 등을 볼 수 있다. 총알고둥은 다른 생물에 비해서 건조에 잘 견딜 수 있기 때문에 조간대의 상부에 산다. 여기에서는 떼지어 다니는 갯강구들을 볼 수도 있다. 총알고둥의 아래쪽 지역에는 따개비가 살고 있다.

따개비는 총알고둥에 비해서 건조에 견디는 능력이 적어 만조 때 물에 잠기는 부분까지만 살 수 있다.

바닷가에 가서 따개비가 붙어 있는 곳을 보면 그곳이 해수가 최대로 들어왔을 때의 수면 높이라는 것을 알 수 있다. 따개비는 단단한 껍질이 마치 조개 껍질을 닮아서 조개로 생각하기 쉬우나 분류학상 오히려 게나 새우가 더 가까운 친척이다.

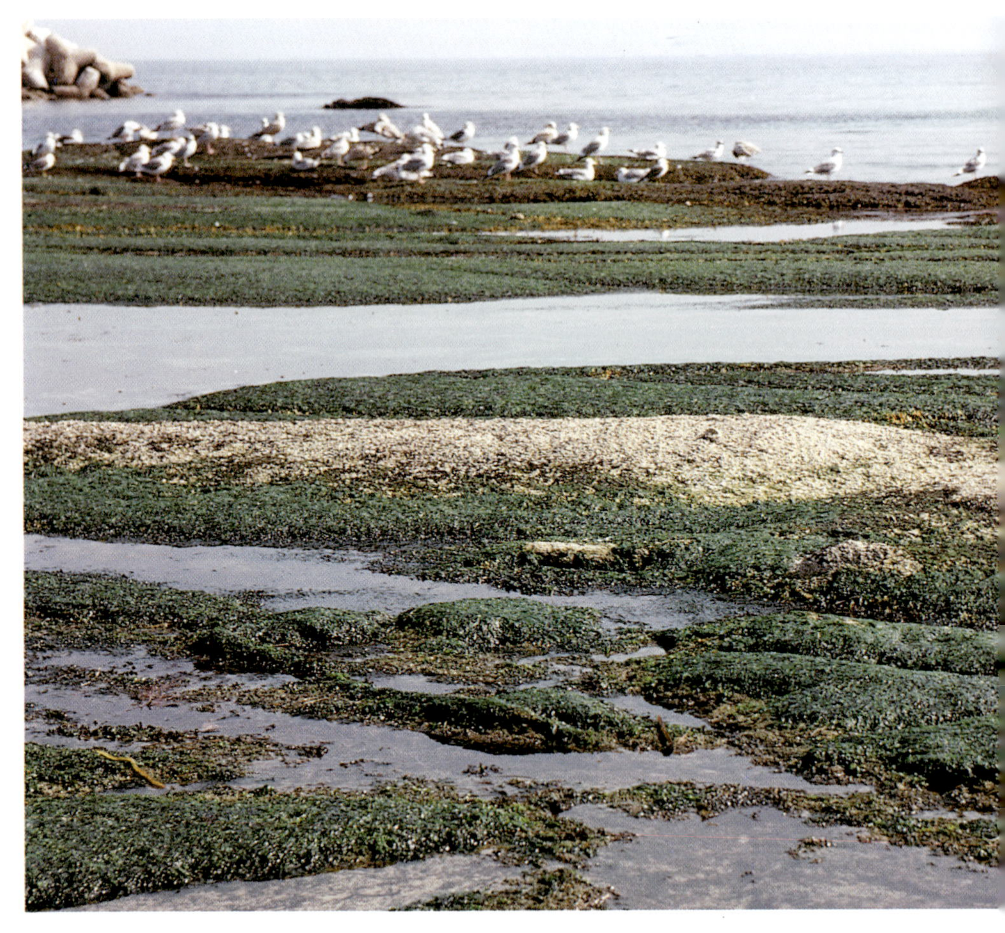

조간대 만조 때 물에 잠기고 간조 때 공기 중에 노출되는 곳을 조간대라고 한다. 만조가 되면 파래가 물에 잠긴다. 강원 공현진.

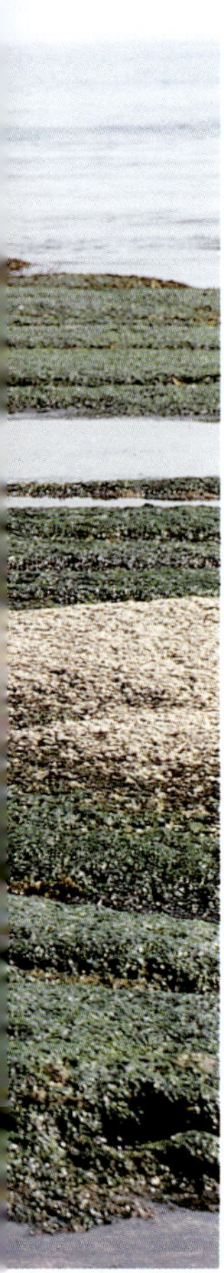

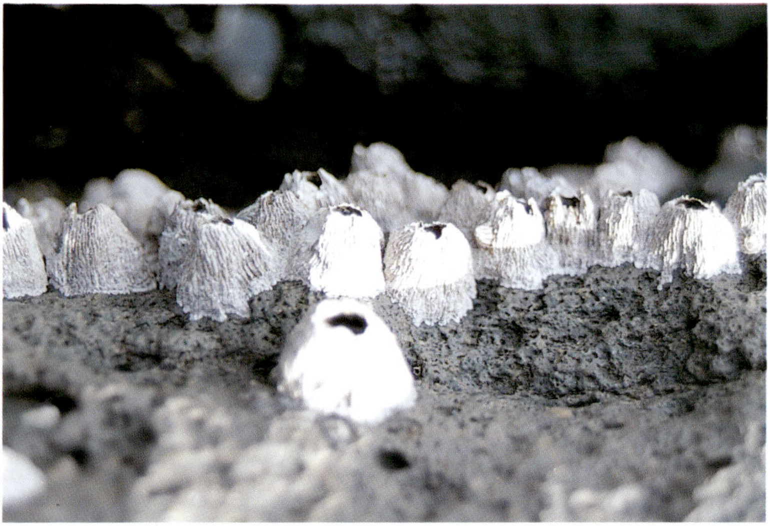

따개비 가장 흔하게 볼 수 있는 조간대 해양 동물인 따개비는 총알고둥에 비해서 건조에 견디는 능력이 적어 만조 때 물에 잠기는 부분까지만 살 수 있다. 제주 중문.

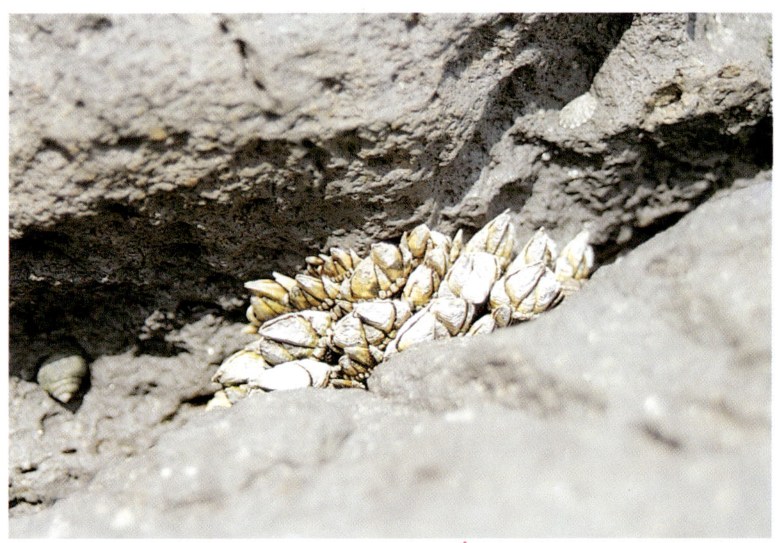

거북손 따개비와 사촌이며 머리 부분이 마치 거북의 손처럼 생겼다. 조간대에서 흔히 볼 수 있는 생물이다. 제주 중문.

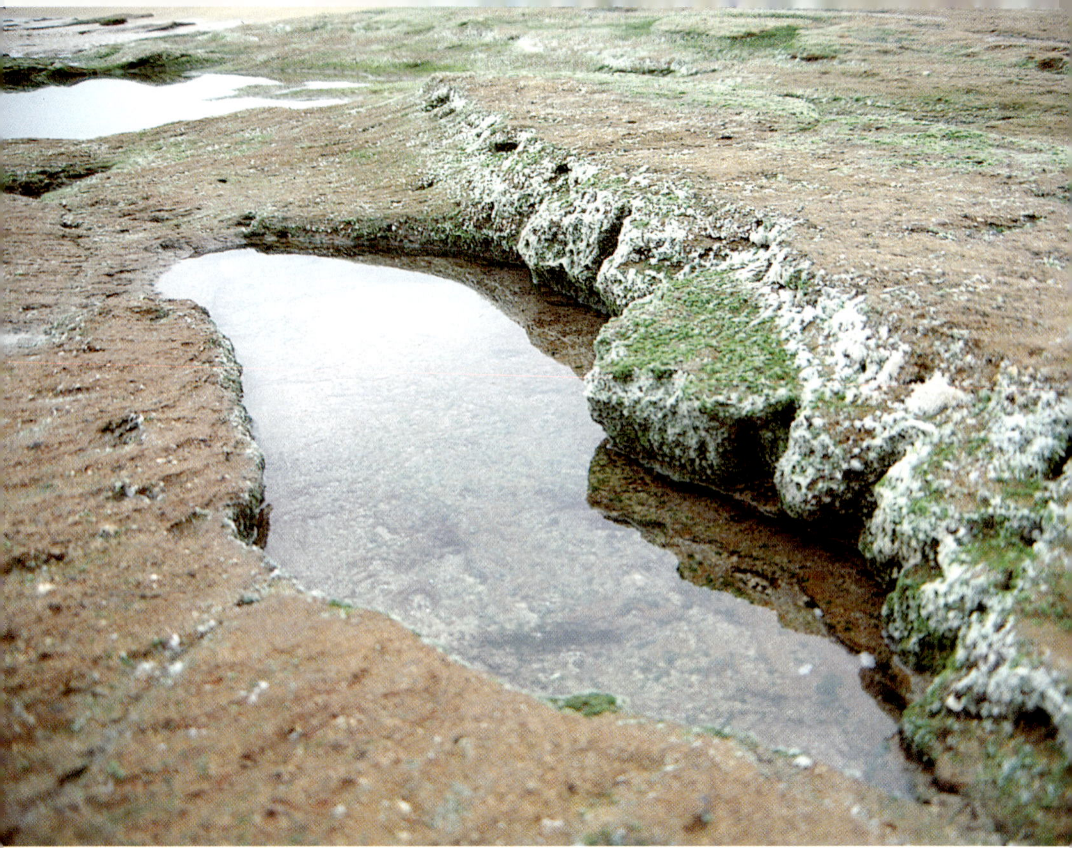

조수 웅덩이 간조 때 물이 빠진 뒤에도 해수가 고여 있는 곳을 조수 웅덩이라고 하며 염분 농도와 수온 차이가 큰 극한 환경의 변화를 보인다. 제주 성산.

따개비는 물이 들어오면 덮개판을 열고 갈퀴같이 생긴 발을 내밀어 물에 떠 있는 작은 플랑크톤을 잡아먹는다. 간조가 되어 공기에 노출되면 수분 증발을 막기 위해 뚜껑을 닫는다. 더운 여름날 마당에 물을 뿌리면 물이 증발할 때의 기화열 때문에 시원하게 느껴지듯이 따개비들도 물이 빠지고 햇볕이 내리쬐면 덮개판을 열고 간간이 물을 뿌려 체온을 낮춘다. 한편 조간대에는 암반 지형에 따라 간조 때 물이 빠진 뒤에도 해수가 고여 있는 조수 웅덩이(tide pool)가 있다.

조수 웅덩이는 햇볕이 내리쬘 때에는 수분의 증발이 심해 염분이 높아지고 수온도 높아진다. 반면 비가 올 때는 염분이 낮아지고 겨울에는 수온도 아주 낮아지는 등 극한 환경의 변화를 보인다. 조수 웅덩이에서 는 산호조류, 갈조류, 녹조류, 말미잘, 좁쌀무늬고둥 등을 볼 수 있다.

해조류

해양 식물에는 앞에서 언급했던 식물 플랑크톤과 해조류, 해초류, 망 그로브(mangrove) 등이 속한다.

봄이 되면 신록이 움트고 여름이면 잎이 무성해지며 가을이면 단풍 이 들고 겨울에는 앙상한 나뭇가지가 을씨년스런 모습을 보여 주는 것 이 우리나라 육상 식물의 전형적인 사계이다.

미역 군락 미역류는 가을이 되면서 번성하기 시작해 겨울과 봄에 가장 무성하며 여름 에는 미역 군락이 쇠퇴한다. 강원 안인.

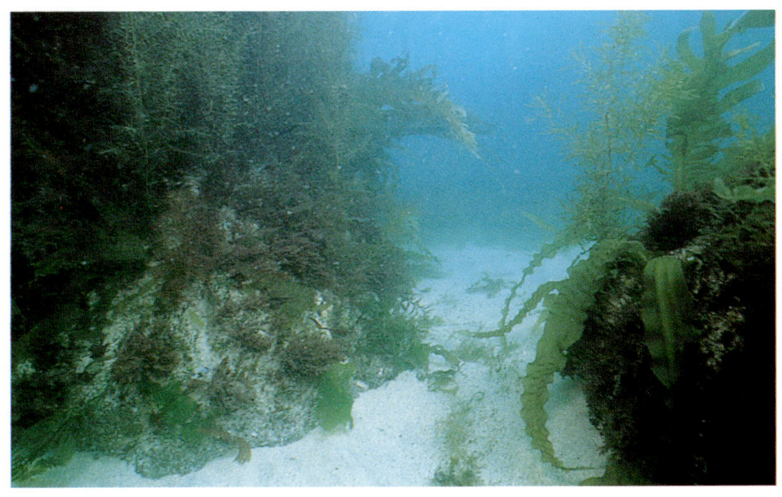

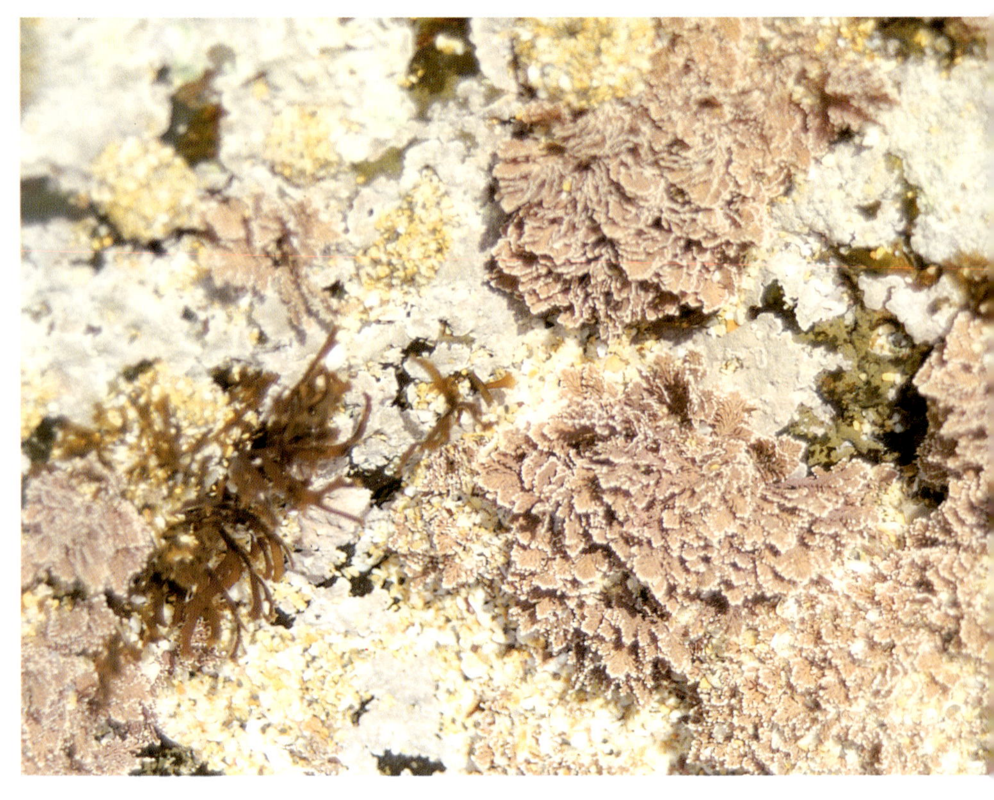

그러나 바닷속 해조류의 사계는 정반대이다. 미역류는 가을이 되면서 번성하기 시작해 겨울과 봄에 가장 무성하며 여름에는 미역 군락이 쇠퇴한다.

해조류는 색깔에 따라 녹조류, 갈조류, 홍조류로 분류된다. 모든 해조류는 다른 식물처럼 녹색의 엽록소를 가지고 있으나 갈조류는 보조 색소로 갈색을 많이 가지고 있고 홍조류는 붉은 색소가 많아 각기 색깔이 달라 보인다. 수심이 가장 얕은 곳에서는 녹조류를 많이 볼 수 있고 깊어지면서 갈조류와 홍조류를 주로 볼 수 있다.

해조류도 육상 식물과 마찬가지로 광합성을 해야 하므로 빛이 잘 도

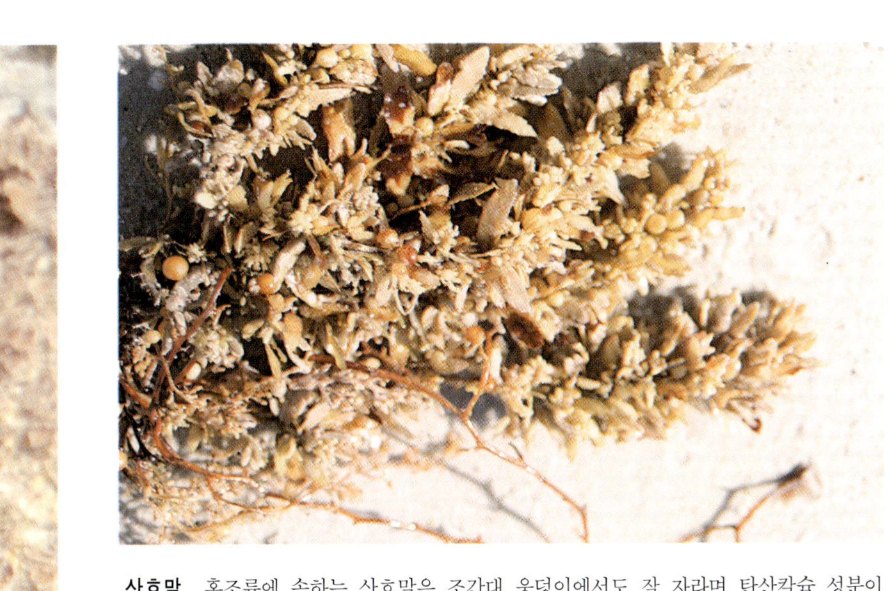

산호말 홍조류에 속하는 산호말은 조간대 웅덩이에서도 잘 자라며 탄산칼슘 성분이 있어 마치 산호처럼 보인다. 제주 성산. (왼쪽)

모자반 모자반은 원래 부착 조류이지만 파도에 의해 떨어져 나가면 공기가 들어 있는 기포 때문에 물에 뜨게 된다. 미국 플로리다. (위)

달하는 수심이 얕은 연안에서만 볼 수 있다. 해조류는 고등 식물과는 달리 뿌리, 줄기, 잎의 구분이 뚜렷하지 않다. 다시마나 미역에도 마치 뿌리처럼 보이는 것이 있으나 고등 식물처럼 물이나 양분을 흡수하지는 않고 단지 단단한 표면에 달라붙을 수 있는 부착기의 역할만 한다. 해조류는 뿌리 대신 몸 전체에서 영양분을 흡수한다. 해조류의 몸은 유연하여 물결이 흐르는 대로 움직이는데 아마 육상 식물처럼 단단하였다면 거센 파도에 벌써 부러졌을 것이다.

식물 플랑크톤과 달리 대형 해조류는 우선 크고 해안에서 흔히 볼 수 있으며 식용으로 이용하기 때문에 우리와 친숙하다. 파래는 아주 얇아서 초록색 셀로판지처럼 보이는 대표적인 녹조류이다. 색깔을 곱게 하기 위해 화학 약품 처리를 하여 말썽을 일으킨 사건이 있었지만 봄철 새콤한 파래무침은 입맛을 돋우기에 손색이 없다. 파래는 오히려 생활 하수가 많이 흘러들어가는 대도시 근처 오염이 심한 바닷가에서 잘 자란다. 녹조류에 속하는 청각도 식용이나 구충제로 쓰이는 유용한 해조이다.

갈조류에는 우리 식탁에 자주 오르내리는 미역, 다시마 등이 있다. 이들은 비교적 크기가 큰 해조류이다. 미국 캘리포니아 연안에는 길이가 50미터가 넘는 대형 다시마가 숲을 이루어 해양 생물들의 좋은 서식지가 되고 있다. 해조류의 추출물은 식품, 약품, 화장품 등을 비롯한 다양한 산업용 원료로 사용된다.

홍조류는 해조류 가운데 가장 종류가 많아 약 4,000여 종이나 된다. 김은 대표적인 홍조류이다. 다른 홍조류는 비료나 동물의 사료로 쓰이고 아이스크림, 치약, 푸딩 재료로도 쓰인다.

북대서양에는 사르가소 해(Sargasso Sea)라는 곳이 있는데 사르가소라는 말은 갈조류인 모자반(*Sargassum*)에서 유래하였다. 모자반이 가지고 있는 기포(氣泡)의 모양이 마치 포도 알처럼 생겨 포르투갈 선원이 포도 이름을 따서 사르가소라 부르기 시작했다고 하며, 사르가소 해는 1492년 콜럼버스가 이곳을 지나가며 모자반이 물에 많이 떠 있어 처음 명명했다고 한다.

사르가소 해는 해류가 약하고 바람이 거의 안 불어 해류와 바람에 의지하여 항해하던 범선 시대에는 통과하기가 아주 힘든 곳이었다. 모자반은 원래 부착 조류이지만 파도에 의해 떨어져 나가면 공기가 들어 있는 기포 때문에 물에 뜨게 된다. 이렇게 모자반이 물에 떠 있으면 배가 갇혀 빠져 나오기 힘들어 선원들에게는 공포의 바다였다.

이 해조류들은 연안에 살기 때문에 유럽 대륙에서 새로운 땅을 찾아

오랜 항해를 한 선원들이 사르가소 해에 도달하여 해조를 보았을 때 육지가 가까이 있을 것이란 기대가 굉장히 컸을 것이다. 그러나 실상 기대와는 반대로 블랙 홀(black hole)이 기다리고 있었다. 많은 해양 생물들이 이 부유 해조류를 서식처로 삼아 독특한 생태계를 이루고 있다.

해양 현화식물

해변에서 아름다운 해당화나 동백꽃은 쉽게 볼 수 있다. 그러나 바닷속에도 꽃이 피는 식물이 있을까.

식물이 꽃을 피우는 이유는 곤충을 유인해 꽃가루를 암술머리에 묻혀 씨나 열매를 맺기 위함이다. 물 속에는 이런 중매쟁이가 되어 줄 곤충이 없기 때문에 그들을 유인할 화려한 꽃이 피는 식물이 없다. 그러나 비록 화려하지는 않지만 잘피와 같이 꽃이 피는 해초류가 있다.

이들은 끈적끈적한 실 모양의 꽃가루를 가지고 있어 주로 조류가 강한 사리 때 꽃가루를 방출해 수정을 한다. 물의 흐름에 의해 수정을 하므로 굳이 화려한 꽃을 피울 이유가 없는 것이다. 대부분의 육상 식물은 해수에 노출되면 높은 염분으로 인하여 죽게 된다. 그러나 염습지처럼 짠 환경을 좋아하는 염생 식물은 이러한 데에서도 잘 견디며 살고 있다.

거북말, 잘피 등과 같은 해초류는 뿌리, 줄기, 잎의 구분이 있으며 꽃이 핀다는 것이 해조류와의 큰 차이점이다. 해초류는 햇빛이 잘 드는 아주 얕은 바다에 잔디처럼 땅속줄기로 퍼져 수중 초원을 이루고 있다. 해초류 숲은 어패류를 비롯한 각종 해양 동물들에게 산란장과 성육장으로 좋은 곳이다. 또한 이들이 죽어서 썩게 되면 각종 동물들의 중요한 먹이원으로 이용된다.

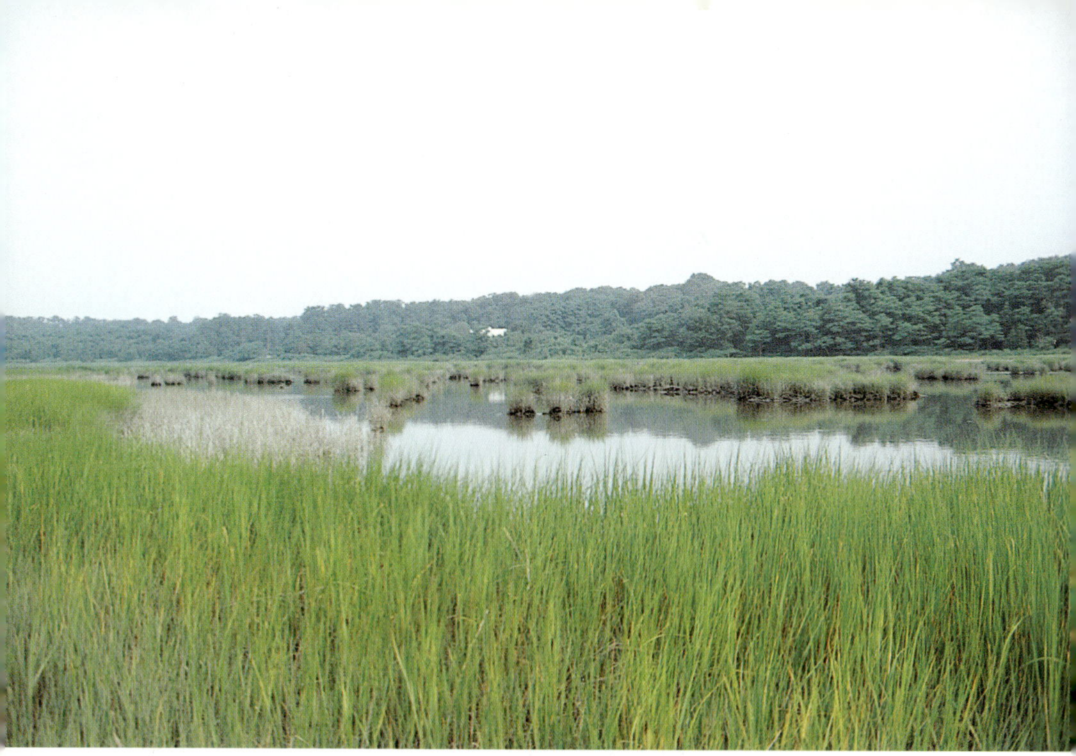

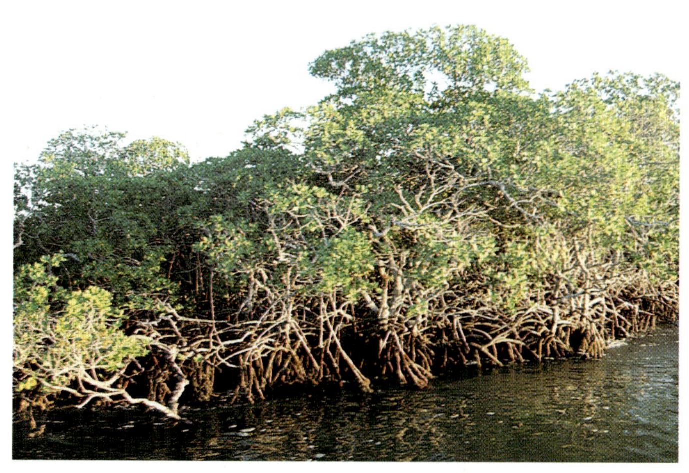

해초류 녹색의 엽록소를 가지고 있는 해초류는 얕은 바다에서 잔디처럼 수중 초원을 이룬다. 미국 뉴욕 롱아일랜드. (맨 위)

망그로브 열대나 아열대 바닷가에서 볼 수 있는 뿌리 부근이 반원 모양인 교목으로 복잡하게 갈라져 있고 그 사이에 빈 공간이 많이 있어 동물들이 숨어 살기에 적합하다. 미국 플로리다 에버글레이즈 국립공원. (위)

우리나라에서는 찾아볼 수 없지만 열대나 아열대의 해안이나 하구에서는 현화식물인 망그로브를 흔히 볼 수 있다. 망그로브는 뿌리 부근이 반원 모양인 교목으로 복잡하게 갈라져 있고 그 사이에 빈 공간이 많이 있어 동물들이 숨어 살기에 적합하다. 그리고 잎은 마치 동백이나 고무나무처럼 왁스로 덮여 있어 수분이 증발하는 것을 막아 준다.

해면동물

해면은 단단한 표면에 붙어 있는 식물처럼 보이나 플랑크톤을 먹고 사는 다세포 동물 가운데 가장 하등한 동물이다. 해면은 작은 구멍이 많아 물을 잘 흡수하는 성질이 있어 예전에는 청소나 목욕을 할 때 사용하였다. 요즈음 사용하는 스펀지도 해면(sponge)에서 그 이름과 아이디어를 얻은 것이다.

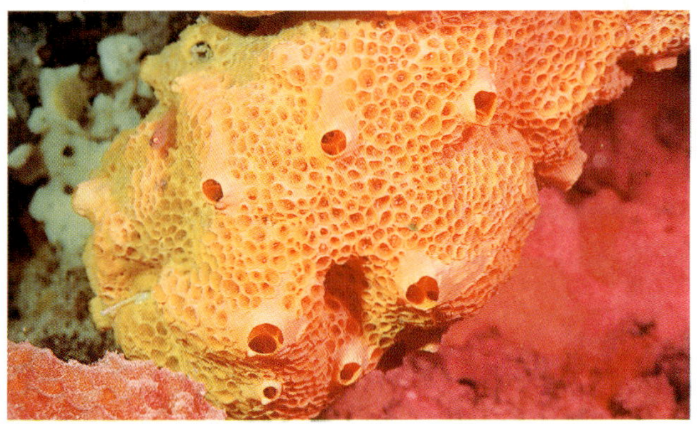

해면 다세포 생물 중에서 가장 하등한 동물인 해면의 몸에는 작은 구멍이 많아 물을 잘 흡수한다. 이런 성질을 이용하여 예전에는 청소나 목욕에 사용하였다. 사진 빌 우드(Bill Wood).

지구에는 약 1만 종의 해면이 있으며 대부분은 바다에 살고 있다. 모양이 다양해서 바위에 이끼처럼 낮게 깔려 있는 것도 있고 굴뚝처럼 솟아오른 것도 있다. 해면을 실험실에서 여러 조각으로 잘라 놓으면 잘린 조각들이 다시 모여 원상 복귀한다고 하니 가히 불사조이다.

일본에서는 해면을 결혼 선물로 주기도 한다. 해면에 새우가 들어가 살다 몸이 커지면 빠져 나오지 못하고 평생을 같이 해로동혈(偕老同穴)하는 것처럼 신랑 신부가 평생 함께하기를 기원하는 의미에서이다. 우리나라에는 205종의 해산 해면이 서식하고 있는 것으로 알려졌다.

자포동물 – 산호와 말미잘

산호와 말미잘은 몸 안에 강장(腔腸)이라 불리는 공간이 있어 강장동물이라고도 하고 쏘는 세포가 있어 자포동물이라고도 한다. 플랑크톤에 속하는 해파리도 이들과 같은 종류의 동물이다.

산호는 촉수를 내밀어 동물 플랑크톤을 잡아먹으며 주로 열대나 아열대의 얕은 바다에 살고 있으나 우리나라 제주도 주변 해역에서도 산호를 볼 수 있다.

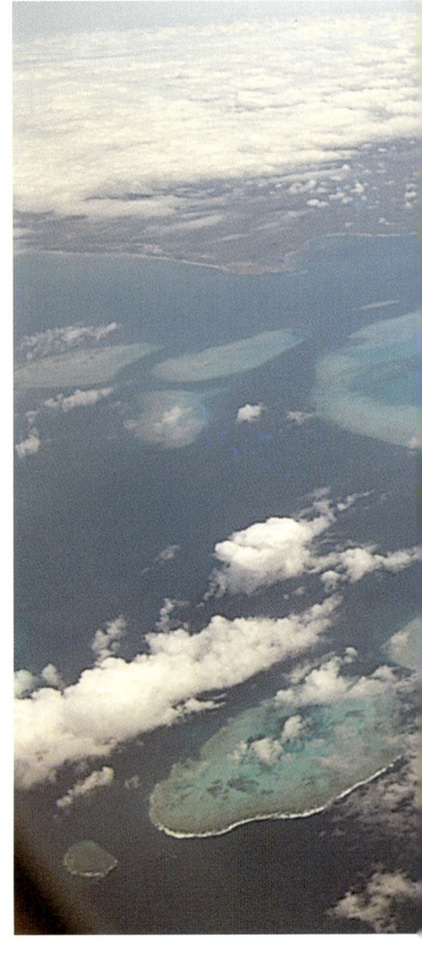

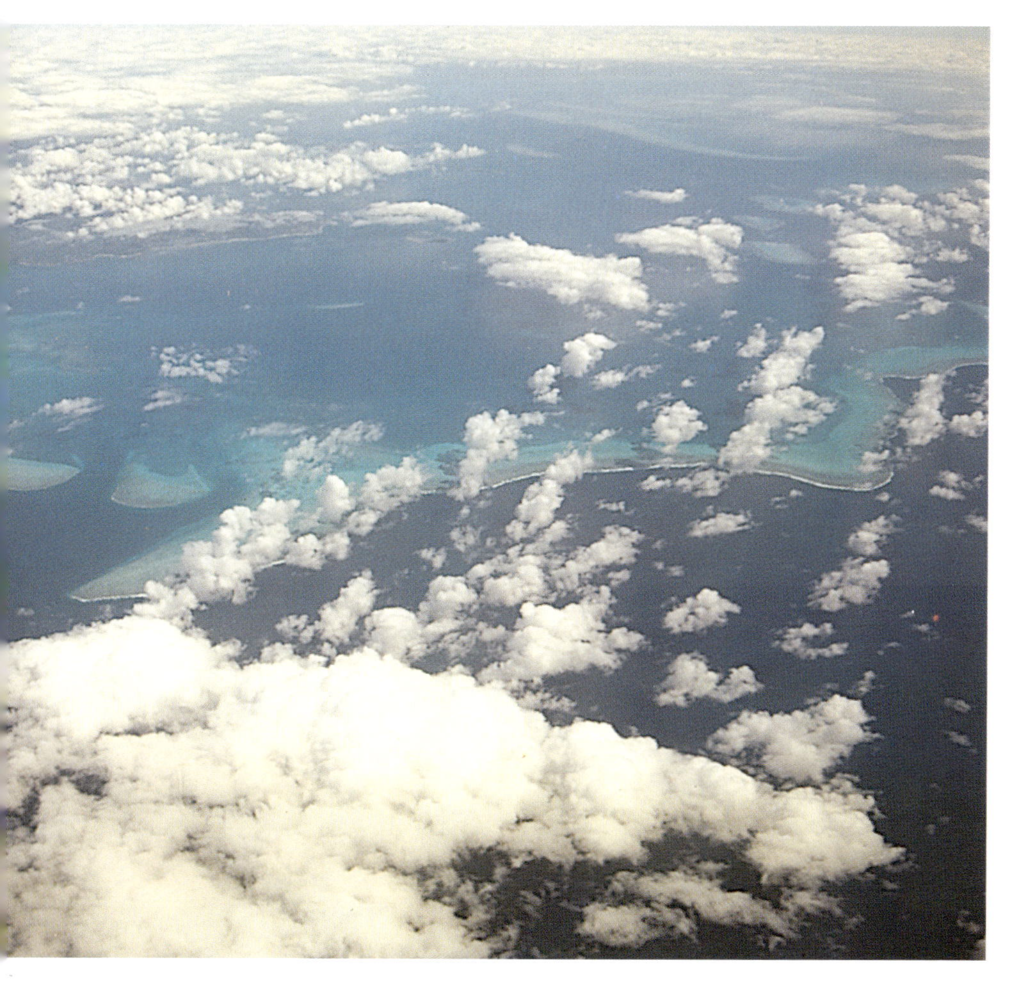

호주의 대산호초 길이가 무려 2,000킬로미터에 이르는 이 산호초는 달에서 육안으로도 식별할 수 있을 정도로 규모가 크다. 호주 케언즈.

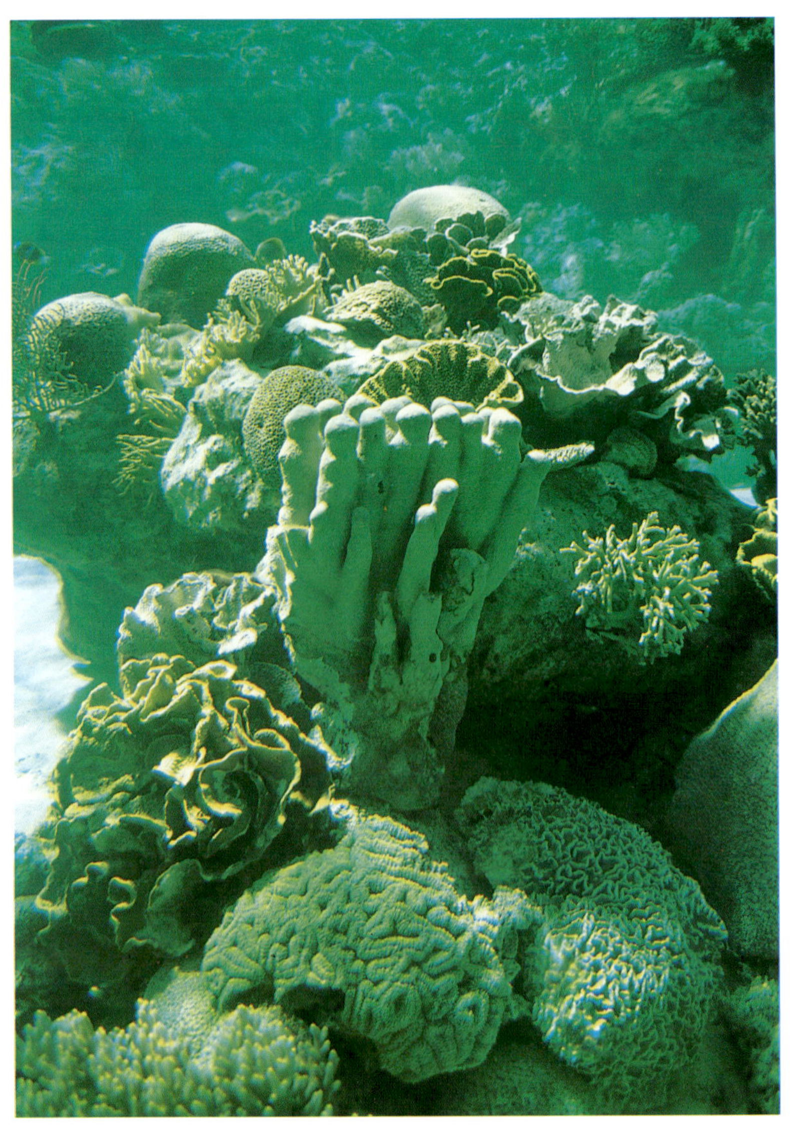

산호 식물처럼 보이지만 촉수를 내밀어 동물 플랑크톤을 잡아먹는 산호는 주로 열대나 아열대의 얕은 바다에서 서식한다. 호주 타운스빌.

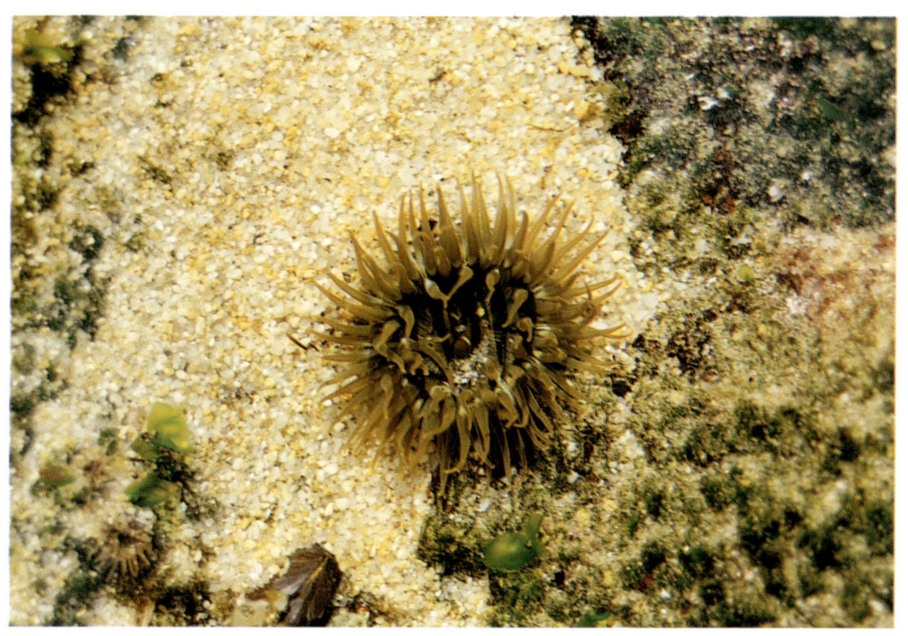

말미잘 입 주변에 있는 꽃잎 모양의 촉수로 먹이를 잡아먹는 말미잘은 아름답게 보이나 함부로 건드리면 위험하다. 강원 대진.

달에서 지구를 바라볼 때 육안으로 식별할 수 있는 구조물이 두 가지인데 중국의 만리장성과 호주의 대산호초가 그것이다. 이 산호초는 길이가 무려 2,000킬로미터에 이른다. 산호는 낮에 산란하면 산호초 주변에 사는 어류들이 알을 먹기 때문에 주로 밤에 은밀하게 산란을 한다. 산호가 밤중에 산란하는 장면은 마치 경축 행사 때 풍선을 하늘로 날려 보내는 것과 같은 장관을 이룬다. 우리나라에서는 백산호, 홍산호, 연분홍산호, 해송 등이 공예품이나 장식용으로 사용되는데 현재 총 117종의 산호류가 밝혀졌다.

말미잘의 입 주변에 있는 꽃잎 모양의 촉수는 아름답게 보이나 함부로 건드리면 위험하다. 보통 때에는 촉수를 벌리고 있다가 다가오는 먹이를 잡아 강장으로 집어 넣어 소화시킨다.

돌산도에서 호기심으로 말미잘에게 새우 한 마리를 선물한 일이 있다. 말미잘은 새우를 삼키고 한참 지난 뒤 소화가 안 된 새우 껍질만 뱉어냈다. 말미잘은 입과 항문이 따로 없고 입이 곧 항문인 것이다.

태형동물 – 이끼벌레

이끼벌레는 오래 전 지질 시대에 번성하였으나 지금은 쇠퇴하였다. 이들은 바위나 조개 껍질, 해조에 붙어서 석회질 성분을 분비하여 껍질을 만들고 그 속에 들어가 군체를 이루고 산다. 우리나라에는 흰수염이끼벌레 등 약 150종이 있다.

환형동물 – 갯지렁이

환형동물 가운데 바다에서 흔히 볼 수 있는 것은 갯지렁이류이다. 갯지렁이는 비교적 털이 많기 때문에 다모류(多毛類)라고도 한다.

이들은 해저의 진흙이나 모래에 구멍을 파고 살거나 암반에 석회질의 관을 만들고 그 속에 들어가 살기도 한다. 낚시의 미끼로 많이 이용되며 오염된 곳에서도 생존 능력이 강해 오염 지표종으로 이용되기도 한다.

갯지렁이는 종류에 따라 물에 떠 있는 먹이를 걸러 먹기도 하고 바닥에 쌓인 유기물을 먹기도 한다. 우리나라에서는 297종의 다모류가 조사되었다.

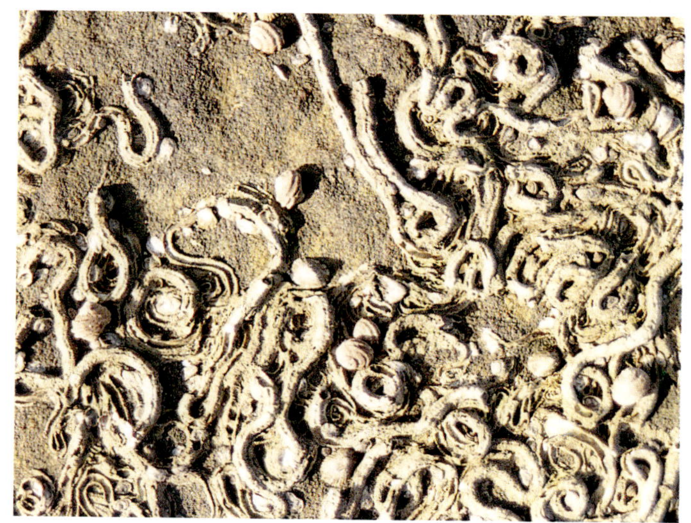

갯지렁이 환형동물인 갯지렁이 가운데에는 암반에 석회 성분의 관을 만들고 그 속에 들어가 생활하는 것도 있다. 충남 태안.

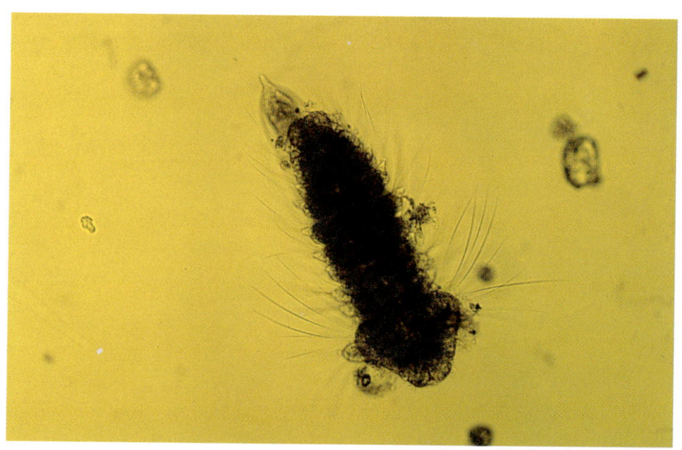

갯지렁이의 유생 갯지렁이의 성체는 저서 생활을 하지만 유생 시기에는 부유 생활을 한다. 비교적 털이 많기 때문에 다모류라고 한다. 미국 뉴욕 롱아일랜드.

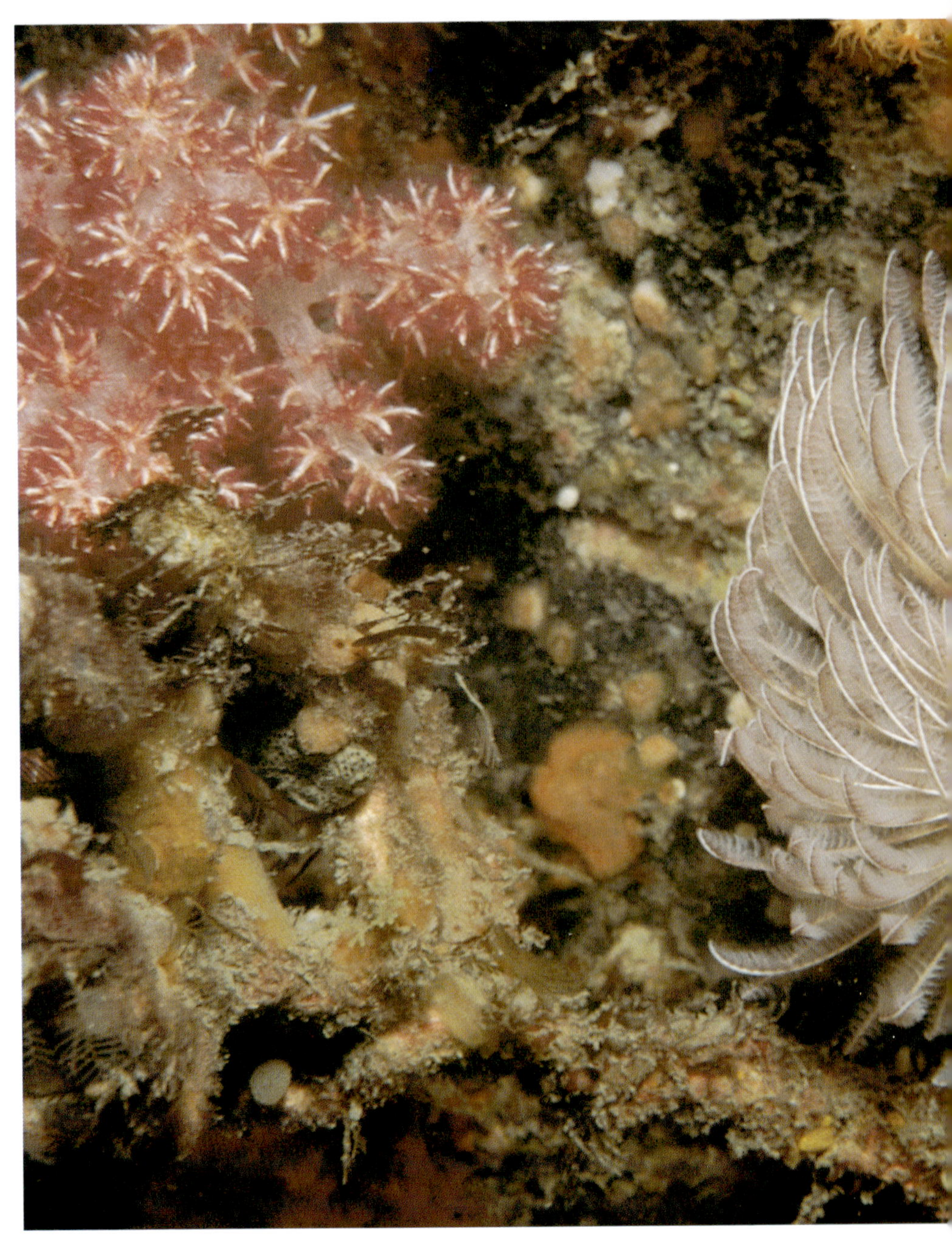

꽃갯지렁이 마치 바위 절벽에 피어난 예쁜 꽃처럼 보인다. 마디로 된 몸은 바위틈에 놓여 있는 관 속에

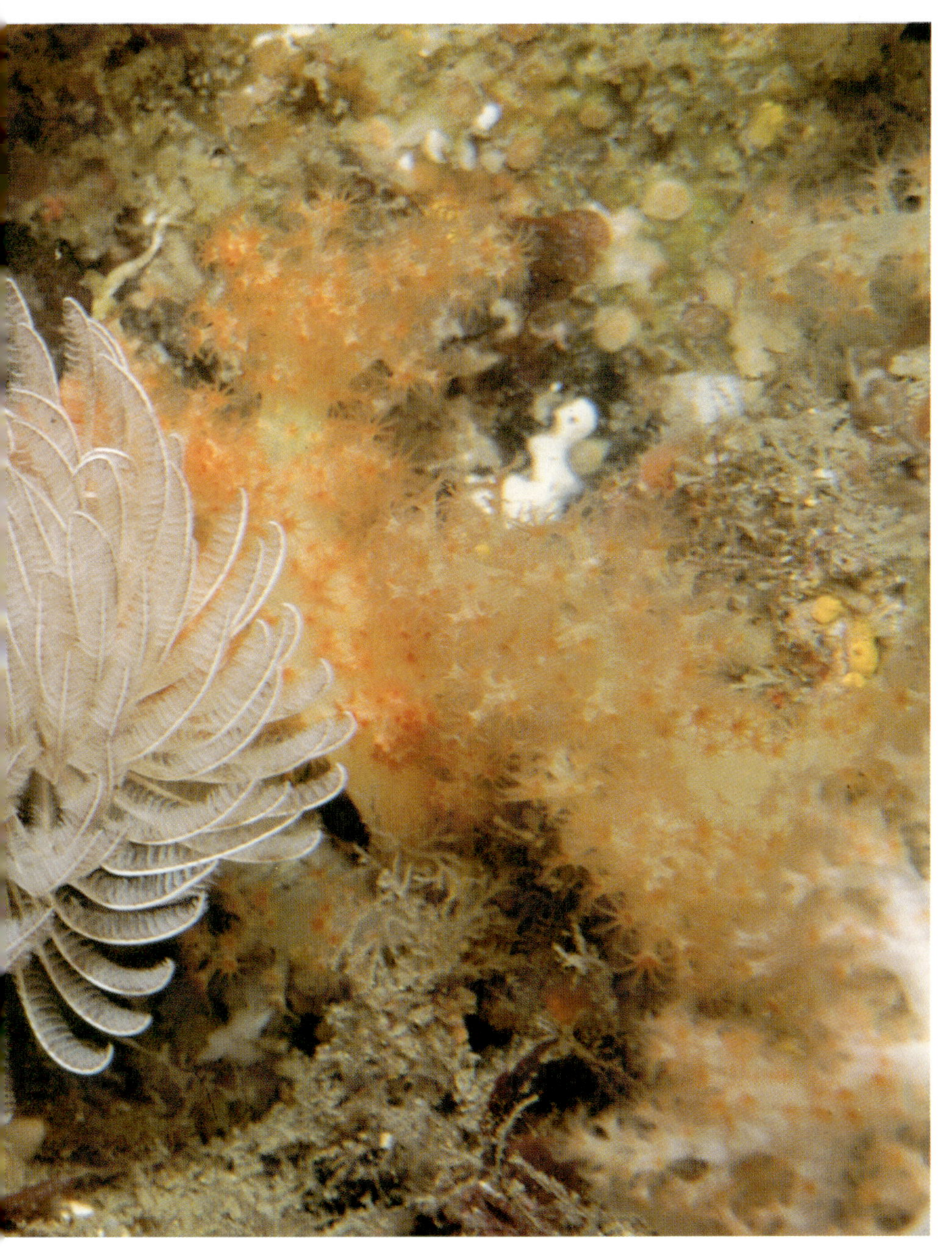

있는데 위험한 물체가 접근하면 재빨리 꽃술(촉수)을 관 속으로 숨긴다. 사진 김병일.

연체동물

조개처럼 말랑말랑한 몸을 가지고 있는 것을 연체동물이라 하며 게가 속하는 절지동물 다음으로 방대한 식구를 거느린 집단으로 현존하는 종의 수는 약 10 내지 15만이 될 것으로 추정하고 있다. 패총 유적을 통해서 확인해 볼 수 있듯이 조개는 원시 시대부터 인간과 밀접한 관계를 맺어 왔다.

연체동물에는 굴, 홍합, 가리비처럼 껍질이 두 개인 이매패류도 있고 전복이나 소라처럼 껍질이 하나이거나 군소처럼 껍질이 없으며 배로 기어다니는 복족류, 군부처럼 여러 개의 패각판을 가진 다판류, 오징어나 문어처럼 다리가 머리에 달린 두족류 등이 있다.

이매패류는 대합처럼 진흙이나 모래에 구멍을 파고 살거나 굴이나 홍합처럼 기질에 부착하기도 하고 배좀벌레조개류처럼 나무에 구멍을 뚫고 살기도 하며, 가리비처럼 유영을 하는 등 다양한 생활 형태를 보인다. 복족류는 연체동물 가운데 가장 종류가 많으며 소라나 고둥의 나선형 껍질은 대부분 오른쪽으로 꼬인 것이 많다.

다판류에 속하는 군부는 8개의 패각판을 가지고 있으며 낮에는 바위에 단단히 부착해 있다가 밤에는 조간대를 기어다니며 부착 해조류를 갉아먹고 산다. 현재 우리나라에는 24종류의 군부가 알려져 있다. 두족류는 유영 능력이 뛰어나서 유영 생물에 속한다.

이매패류—굴, 홍합, 가리비

굴은 아마도 동서양을 막론하고 해산물 가운데 가장 인기 있는 조개일 것이다. 굴은 이매패류이면서 껍질이 2개가 아닌 듯 보이는데 껍질 하나가 바위에 붙어 있기 때문에 마치 껍질이 하나인 것처럼 보이는 것이다.

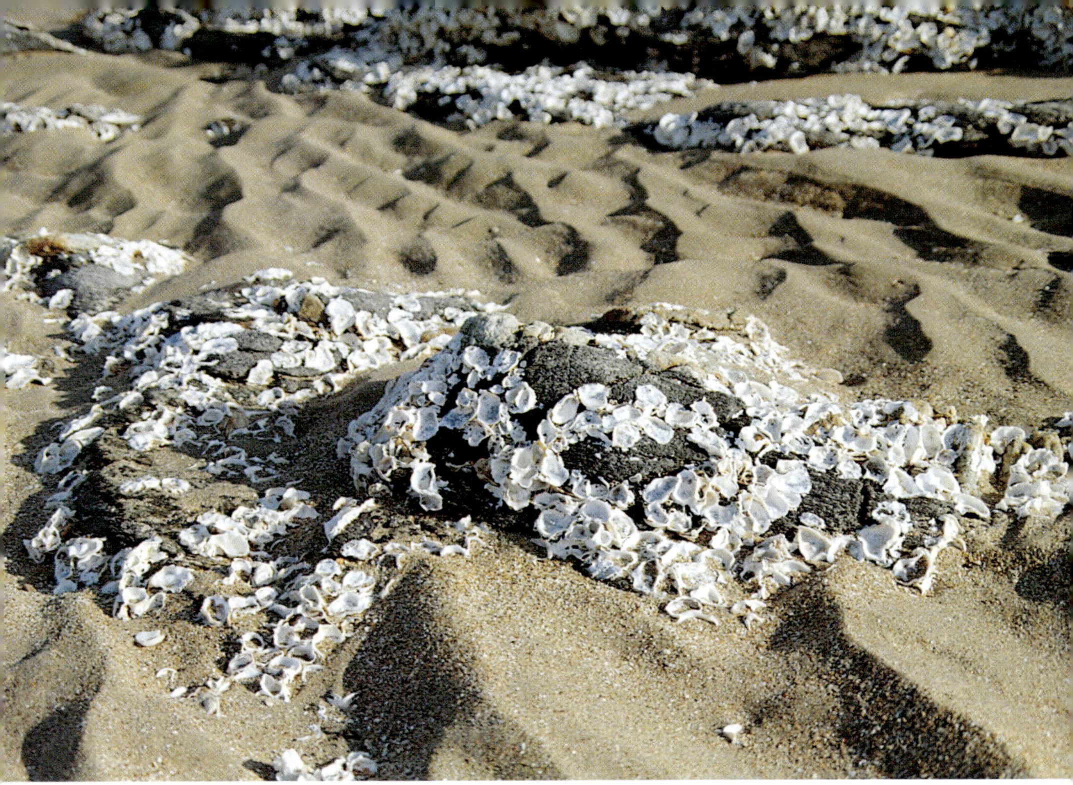

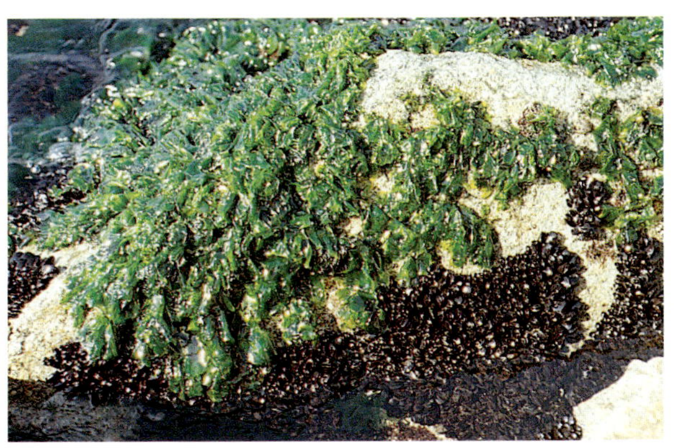

굴 영양이 풍부해 바다의 우유라 불리는 굴은 암수한몸으로 되어 있으나 번식 시기에는 암수의 역할을 하는 개체가 뚜렷이 구분된다. 충남 태안. (맨 위)

홍합 족사라는 실로 바위 같은 단단한 표면에 부착하여 서식하는데 수백 수천 마리가 다닥다닥 붙어 군체를 이루고 있다. 강원 물치. (위)

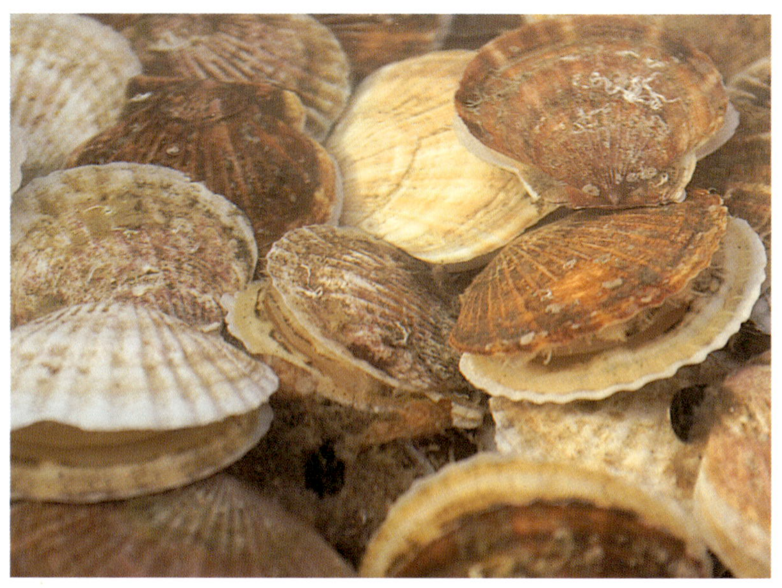

가리비 부채 모양으로 생긴 가리비는 빠르게 헤엄칠 수 있고 외투막 가장자리에 30 내지 40개의 눈이 달려 물체를 구별할 수 있으며 많은 털이 있다. 강원 주문진.

굴은 암수한몸이나 번식 시기에는 암컷과 수컷의 역할을 하는 개체가 뚜렷이 구분된다. 산란기인 5에서 8월 사이에는 자신과 알을 보호하기 위해 독성 물질을 만들기 때문에 먹으면 혀끝이 아린 것을 느낄 수 있으며 맛도 없다. 서양에서도 월 이름에 R자가 들어가는 달에만 굴을 먹고 R자가 들어가지 않는 5에서 8월까지는 굴을 먹지 않는다.

굴은 칼슘을 비롯한 다양한 미네랄과 비타민, 아미노산을 포함하고 있어 영양이 풍부하여 바다의 우유로 알려져 있다. 한방에서는 굴 껍질이 신경 쇠약이나 노이로제 처방에 약재로 쓰인다.

홍합(진주담치)은 보라색이나 푸른빛이 감도는 검은색의 껍질을 가지고 있으며 속살은 붉은 기가 도는 노르스름한 빛깔이다. 홍합은 오염이 된 물에서도 잘 자라 오염 물질이 몸 안에 축적되어 있을 수 있으며 독성을 가진 식물 플랑크톤도 가리지 않고 먹기 때문에 홍합을 먹을 때는 각별한 주의가 필요하다.

1985년 부산에서 홍합을 먹고 식중독 증세를 일으켜 2명이 사망하였고 그 뒤로도 가끔 사고가 발생하고 있다. 그러나 홍합 자체가 독성 물질을 만드는 것은 아니고 홍합이 독성이 있는 식물 플랑크톤을 먹어 이 독이 홍합의 체내에 축적되어 사고를 유발하는 것이다.

홍합은 족사라 불리는 실을 이용해 바위 같은 단단한 표면에 부착하여 살고 있다. 주로 수백 수천 마리가 다닥다닥 붙어 군체를 이루고 있다. 홍합을 영어로는 머슬(mussel)이라 하는데 어원을 살펴보면 그리스어의 쥐에서 유래되었다 한다. 아마도 홍합의 껍질이 웅크리고 있는 쥐의 모습을 닮아서 그랬는지 모르겠다.

부채 모양으로 생긴 가리비는 다른 조개와 다른 특이한 점이 많다. 빠르게 헤엄칠 수 있고 외투막 가장자리에 30 내지 40개의 눈이 달려 물체를 구별할 수 있으며 또 많은 털이 있어 촉각의 역할을 한다. 가리비는 특히 조개 껍질을 여닫는 조개관자〔흔히 일본말로 가이바시라(がいばしら)라고도 불린다〕가 가장 맛있으며 동해안에 가면 별미 가리비구이를 맛볼 수 있다.

복족류—전복, 뿔소라, 군소

전복은 암반 지역에서 해조류를 먹고 살며 이동성이 적어 서식지에서 멀리 벗어나지 않는다. 껍질은 하나이며 물을 배출하고 호흡에 사용되는 여러 개의 구멍이 뚫려 있다.

껍질 안쪽은 진주빛 광택이 있어 나전칠기의 재료로 이용된다. 두꺼비 등처럼 우둘투둘하게 생긴 전복 껍질의 바깥쪽만 보고서는 껍질 안쪽의 아름다움은 상상조차 할 수 없다.

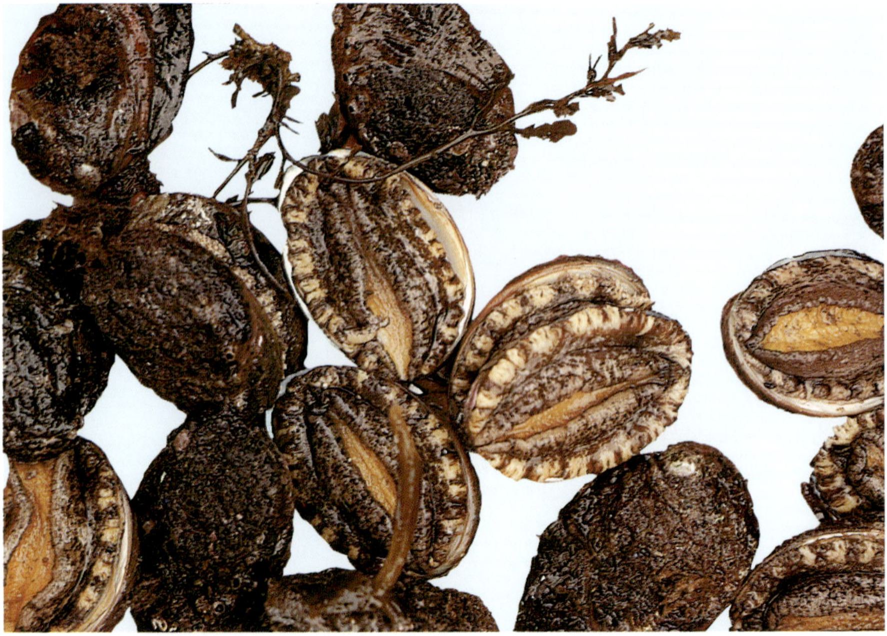

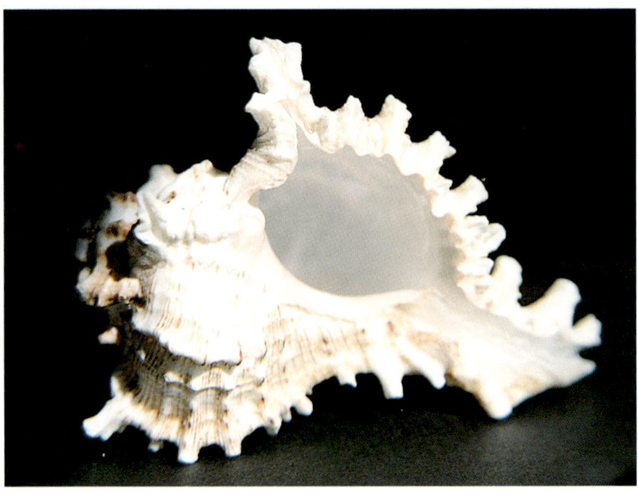

전복 껍질이 하나이며 물을 배출하고 호흡에 사용되는 여러 개의 구멍이 뚫려 있다. 껍질의 안쪽은 영롱한 진주빛이 난다. 강원 안인. (맨 위)

뿔소라 조개 가운데 껍질이 가장 두껍고 무겁다. 열대 해역에 살고 있는 뿔소라의 껍질은 색깔과 무늬가 아름다워 장식용으로 인기가 높다. (위)

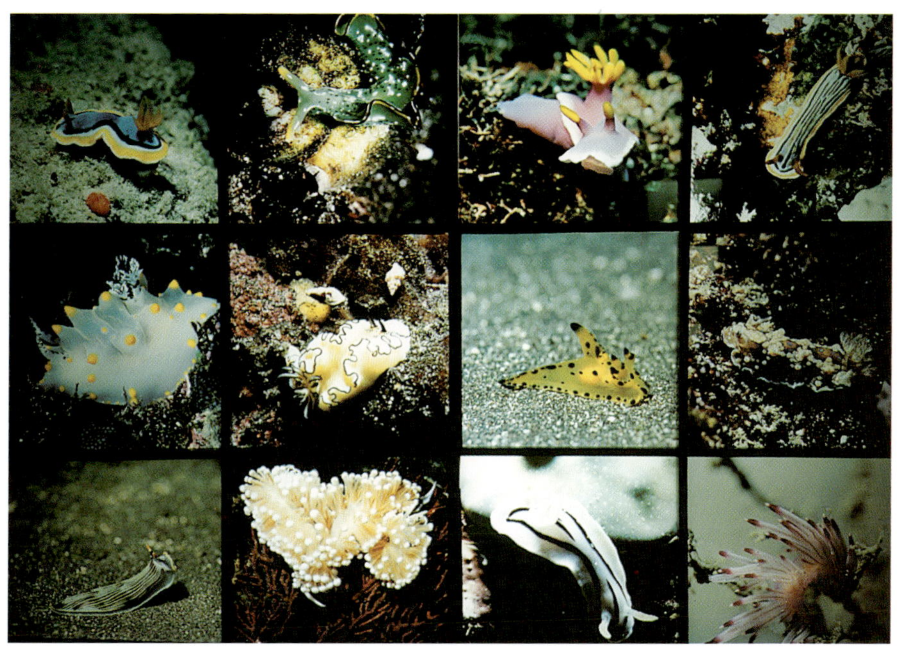

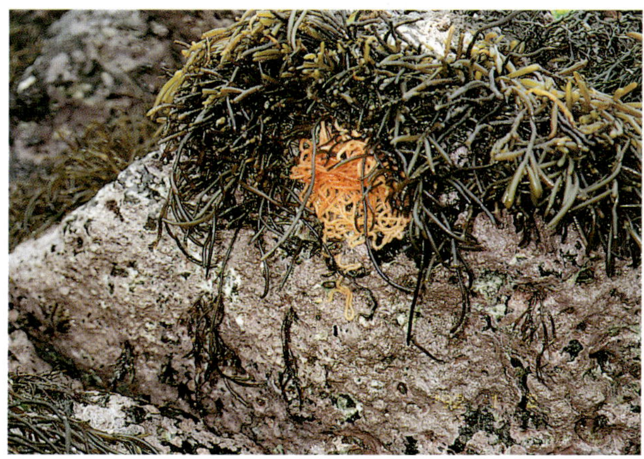

다양한 모양의 군소 껍질이 없어 민달팽이처럼 보이는 군소는 해조가 부착된 바위에 알을 낳는다. 일본 동경 선샤인 국제수족관(맨 위), 제주 성산.(위)

지금은 별로 인기가 없는 듯하나 예전에는 진주빛 영롱한 자개상이나 자개장롱이 인기였고 전복 껍질을 사러 다니는 사람도 있었다. 또한 전복은 건강 식품으로 환자의 회복식으로 많이 이용되고 중국이나 일본에서는 불로장생 식품으로 알려져 있다.

제주도에서는 크기가 작고 껍질에 출수공의 수가 6 내지 9개로 보통 전복의 4, 5개보다 많은 오분자기가 잡힌다. 전세계에 80여 종이 있으며 우리나라에는 5종류의 전복이 있다.

뿔소라(murex)는 조개 가운데 껍질이 가장 두껍고 무거운 조개로 인도양과 태평양에 살고 있다. 덩치도 큰 편에 속해 약 20센티미터까지 자라는 큰 조개이다. 가지뿔소라(branched murex)는 열대 해역에 살고 있으며 조개 껍질의 색깔과 무늬가 아름다워 장식용으로 인기가 높다.

군소는 껍질을 가지고 있지 않아 모양이 민달팽이와 비슷하다. 해조류를 잘 먹기 때문에 영어로는 바다의 토끼(sea hare)라고 부른다. 이들은 조개와 달리 껍질이 없기 때문에 포식자들이 싫어하는 화학 물질을 분비하여 포식자로부터 몸을 보호하는 독특한 방법을 갖고 있다. 우리나라에서는 군소(*Aplysia kurodai*)를 조하대 암반에서 흔히 볼 수 있다.

절지동물

갑각류―게, 새우

게는 마디가 있는 10개의 발과 단단한 껍질을 가지고 있다. 발에 마디가 있어 절지동물이라 하고 그 가운데 게처럼 단단한 껍질이 있는 것을 갑각류라 한다. 게는 발이 10개이므로 갑각류 중에서도 십각류라고 한다. 곧 게의 분류학상 주소는 절지동물문 갑각강 십각목이 되는 것이다.

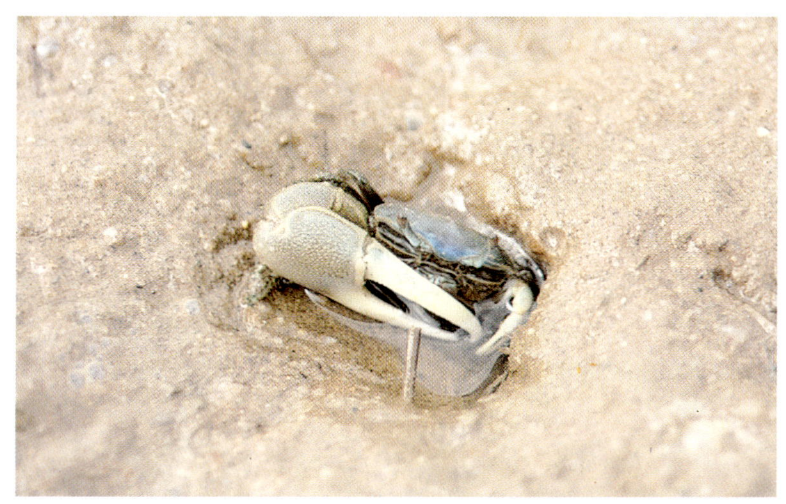

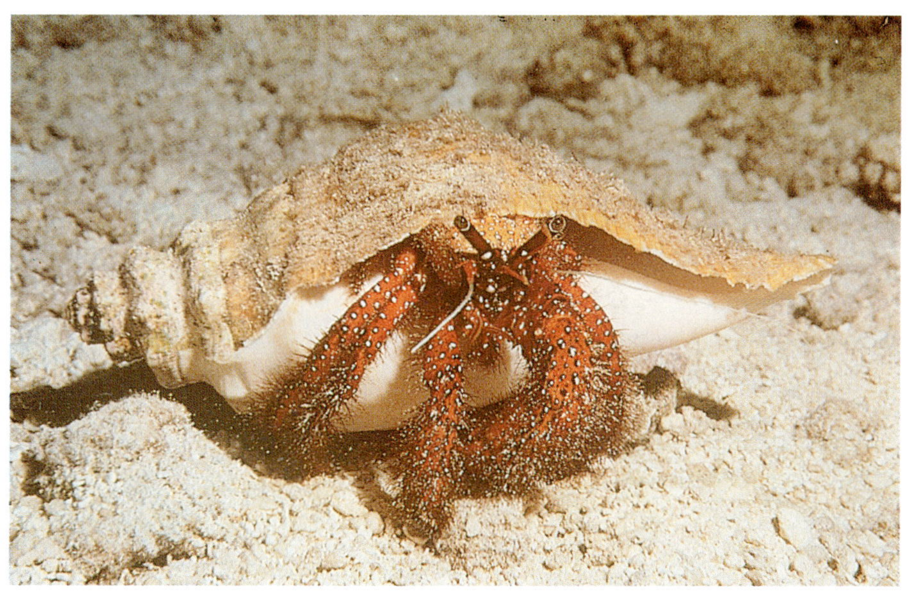

농게 농게의 수컷은 한 쪽 발이 유난히 크다. 번식기가 되면 이 큰 집게발을 흔들면서 춤을 춰 암컷의 시선을 끈다. 미국 뉴욕 롱아일랜드. (맨 위)

집게 집게는 자기 몸에 알맞은 크기의 소라 껍질을 구해서 그 속에 들어가 산다. 집게들은 놀라면 발과 더듬이를 조개 껍질 안으로 넣어 숨어 버린다. 사진 자크 쿠스토 (J.Y. Cousteau). (위)

　게는 조간대부터 심해에 이르는 다양한 해양 환경에 살고 있고 바다
뿐만 아니라 민물에도 살고 있다. 바닷가에서는 바위틈에 숨어 있는
바위게나 개펄의 구멍에 숨어 있는 농게나 칠게를 쉽게 찾을 수 있다.
농게의 수컷은 한 쪽 집게발이 유난히 크다. 번식기가 되면 이 큰 집
게발을 흔들며 춤을 춰서 암컷의 시선을 끈다. 개펄에 사는 게들은 훌
륭한 전위 예술가이다. 개펄 여기저기에는 구멍이 뚫려 있으며 그 주
위에는 구멍을 파면서 내다 버린 진흙이나 모래가 마치 하나의 작품처
럼 보인다.
　정약전의 『자산어보(玆山魚譜)』에는 ‘송나라 고문헌 『해보(蟹譜)』에
게가 옆으로 걷는 모습과 단단한 껍질을 보고 횡행개사(橫行介士)라
불렀다’는 기록이 있다. 물론 앞으로나 뒤로 가는 게도 있지만 게 하면
옆으로 기어가는 것이 특징이다.
　게는 물이 부족할 때 입 주위에 거품이 생긴다. 또 배에는 스펀지처
럼 생긴 아가미가 있어 어류와 마찬가지로 호흡할 때 사용된다. 집게다
리가 붙어 있는 곳의 구멍을 통해 들어간 물은 아가미를 거쳐 입 주위
의 구멍을 통해 빠져 나가며 이때 물 속에 녹아 있는 산소를 흡수하고
대사 작용으로 만들어진 이산화탄소를 배출한다. 게가 물 속에 있을 때
는 물의 공급에 별 문제가 없지만 물 밖에 나와 있을 때는 체내에 있던
물을 계속 재순환시켜야 하므로 수분이 점차 줄어들고 점도가 높아진
다. 게가 입에 거품을 물고 있는 것은 바로 이런 이유 때문이다.
　우리나라에서 식용으로 유명한 게로는 동해안의 영덕게와 서해안의
꽃게를 꼽을 수 있다. 영덕게는 영덕 부근 바다에서 많이 잡혀 흔히 영
덕게라고 알려져 있으며 대게의 일종이다. 대게는 주황색의 다리가 유
난히 긴 게로 크기가 커서 대게라고 하는 것이 아니라 다리가 마치 대
나무[竹]를 닮았다 하여 대게라고 부른다.
　영덕게는 수심 200 내지 300미터에서 많이 잡히며 주로 진흙이나

모래 바닥에서 생활한다. 대게는 다른 게와 달리 수컷이 암컷보다 크며 수명은 18 내지 20년 정도 된다. 대게의 친척뻘 되는 붉은대게는 영덕게에 비해 맛이 떨어지며 수심이 1,000미터가 넘는 깊은 바다에서 잡힌다.

서해안의 명물 꽃게는 4월에서 6월 사이에 살이 꽉 들어찬 암컷이 가장 맛있다. 게의 암수를 구별하는 방법은 간단하다. 게를 뒤집어 배쪽을 보면 아가미 뚜껑이 있는데 암컷은 둥글고 크며 수컷은 좁고 가늘다. 6월에서 8월이 되면 산란기라 살이 부실하고 맛도 떨어진다. 이때는 자원 보호를 위해 포획을 금지하고 있다. 꽃게는 등 부분이 청회색이고 배 부분은 하얀색이며 집게다리에는 붉은 기운이 돈다.

집게는 자기 몸에 알맞은 크기의 소라 껍질을 구해서 그 속에 들어가 산다. 자라서 이곳이 비좁아지면 큰 껍질을 찾아 이사를 한다. 집게들은 놀라면 발과 더듬이를 조개 껍질 안으로 넣어 숨어 버리고 한참 뒤 주변이 조용해졌다 싶으면 다시 살금살금 움직인다. 외국에서는 알록달록하게 색칠한 조개 껍질에 사는 집게가 애완 동물로 인기를 누리고 있다.

게와 마찬가지로 새우도 절지동물 갑각류에 속한다. 갑각류는 단단한 껍질을 가지고 있어 성장하기 위해서는 탈피라는 과정을 거쳐야 한다. 외골격은 단단하고 신축성이 없으므로 작아진 옷을 벗어 버리고 좀더 큰 옷으로 갈아입는 과정을 거치는 것이다.

새우는 알을 낳아 번식하고 알이 부화되면 노플리우스(nauplius), 프로토조에아(protozoea), 미시스(mysis) 유생의 단계를 거쳐 성체로 성장한다. 각각의 유생 단계의 모습이 다르고 변태라는 과정을 거쳐 어미의 모습을 닮아가게 된다.

새우의 몸에는 서로 다른 역할을 하는 여러 쌍의 부속지가 있다. 우선 머리 끝에는 감각을 느끼는 두 쌍의 안테나가 있는데 한 쌍은 길고

다른 한 쌍은 짧다. 입 주위에는 먹이를 먹는 데 사용되는 여러 쌍의
가슴다리가 있고 배에는 걷는 데 사용되는 배다리가 5쌍 있다. 새우는
배다리로 헤엄을 치는 종류도 있고 가슴다리로 걷는 종류도 있다. 평상
시는 앞으로 천천히 걷지만 위급할 때는 배를 굽혔다 펴면서 뒤쪽으로
이동한다. 게나 바닷가재는 다리가 잘려도 재생이 되는데 새우는 그렇
게 되기 힘든 것으로 알려져 있다.

　　암컷 새우는 알을 배다리에 붙여 보호한다. 보리새우의 알은 바닥으
로 가라앉는 침성란이고 젓새우류의 알은 물위에 뜨는 부성란이다. 알
은 보통 타원형이며 구형인 경우는 드물다.

　　새우류는 민물이나 기수에도 서식하며 열대, 온대, 한대 지역에 걸쳐

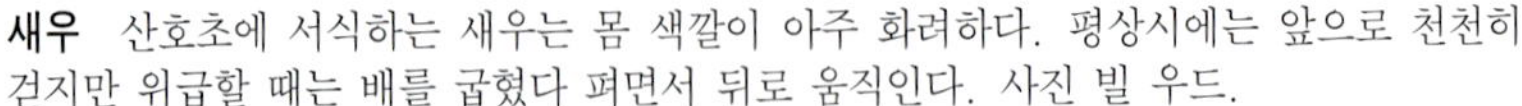

새우　산호초에 서식하는 새우는 몸 색깔이 아주 화려하다. 평상시에는 앞으로 천천히
걷지만 위급할 때는 배를 굽혔다 펴면서 뒤로 움직인다. 사진 빌 우드.

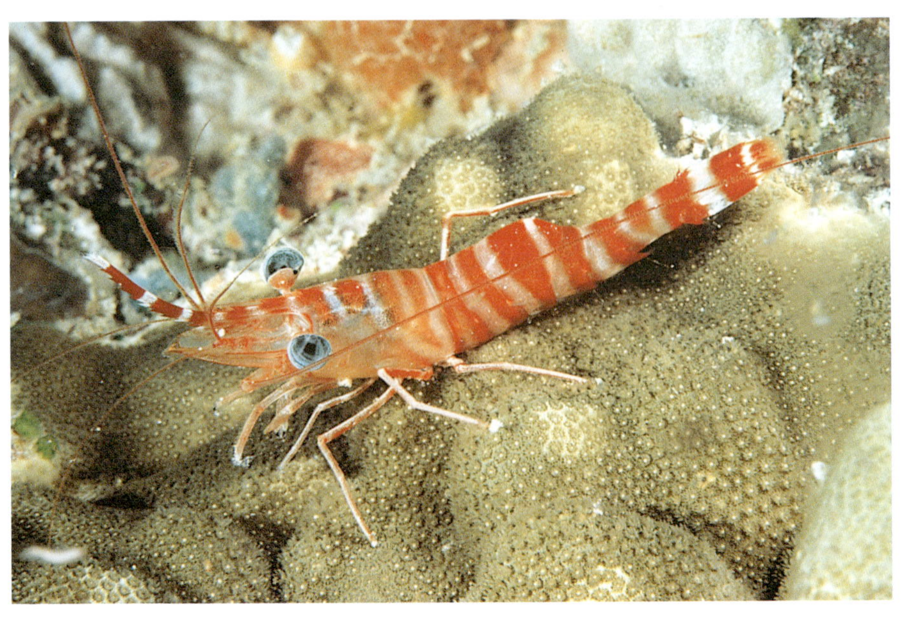

폭넓게 분포한다. 또한 조간대에서부터 심해까지 다양한 수심에 서식한다. 산호초에 사는 새우는 천연색의 아름다운 무늬가 있으며 심해에서 유영하는 새우 가운데에는 발광기를 가지고 있어 빛을 내는 것도 있다. 암흑의 심해에 사는 새우 중에는 눈이 퇴화된 것도 있다. 새우는 야행성이며 먹이도 주로 밤에 찾아 다닌다.

우리나라에 출현하는 새우류는 총 79종이고 그 가운데 해수나 기수에 사는 종은 63종이 있다. 해산 새우류 가운데 대하, 보리새우, 꽃새우, 젓새우 등은 중요한 수산 자원이다. 대하는 우리나라 남해안과 서해안에서 주로 어획되며 산란 시기는 4, 5월이고 10월이 되면 완전 성숙하므로 10, 11월에 잡히는 것이 가장 맛이 있다. 대개 수명이 1년인데 2, 3년 되는 새우도 있다.

극피동물

불가사리, 해삼, 성게

몸에 가시가 있어 극피동물이라 한다. 또 가시 이외에도 몸이 방사대칭을 이루고 있고 관족을 갖고 있다.

불가사리의 피부는 거칠거칠하나 색깔은 오렌지색, 파란색 등 예쁜 것이 많다. 모양은 별처럼 생겼고 팔은 주로 다섯 개이나 아주 많이 달린 것들도 있다. 불가사리를 뒤집어 보면 팔 가운데 마카로니처럼 생긴 많은 관족들이 있는 것을 볼 수 있다. 이것을 이용해 움직이고 먹이를 붙잡기도 한다.

불가사리는 힘이 장사라 단단히 닫고 있는 조개 껍질을 강제로 벌리고 그 안으로 소화관을 넣어 조갯살을 소화시켜 먹는다. 조개의 천적 생물이기 때문에 어민들에게는 천덕꾸러기 대접을 받는다.

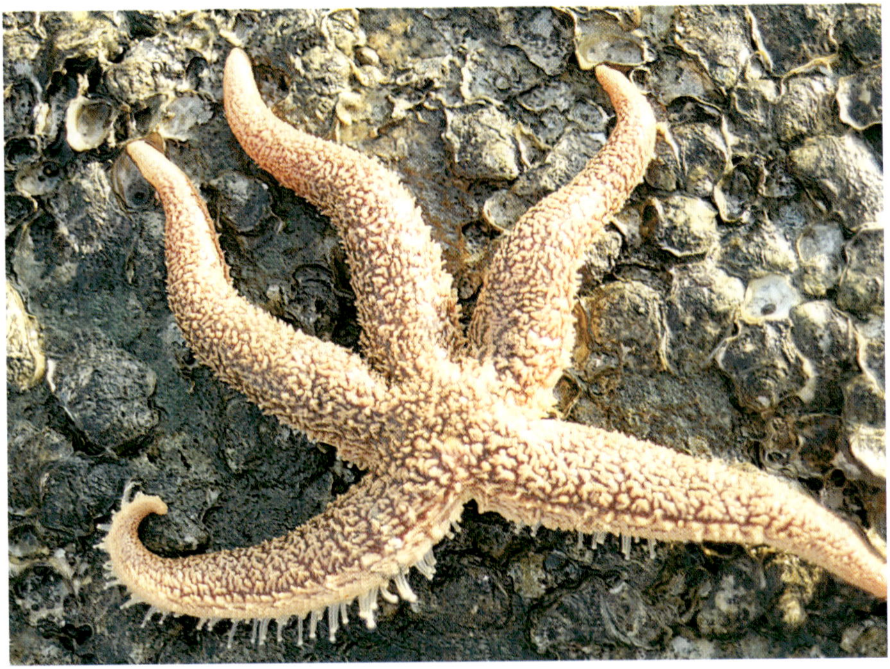

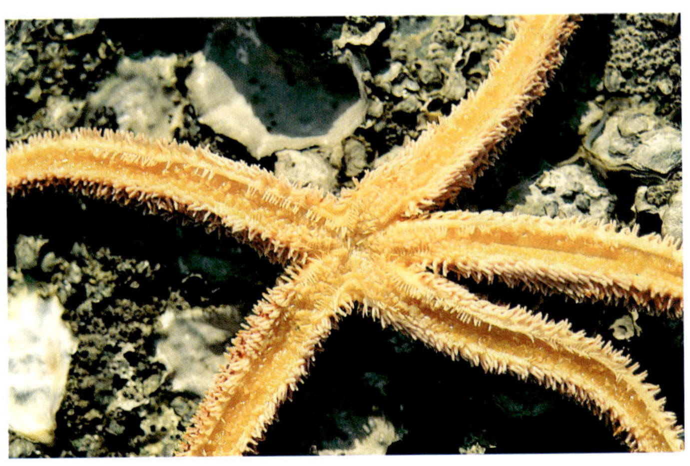

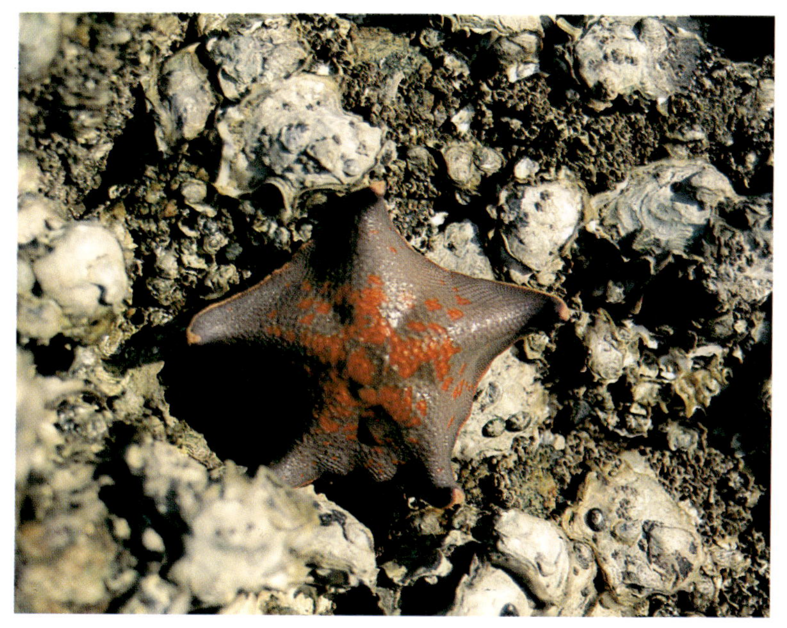

아펠불가사리류 불가사리의 피부는 거칠고 진하나 색깔은 오렌지색, 파란색 등 예쁜
것이 많다. 충남 태안의 굴 밭에 사냥을 나선 아펠불가사리류의 등 부분(옆면 위)과
배 부분(옆면 아래)이다. 불가사리의 배 부분에는 마카로니 같은 많은 관족이 있다.

별불가사리 모양이 별처럼 생겼고 팔은 다섯 개이다. 힘이 장사라 단단히 닫고 있는
조개 껍질을 강제로 벌리고 그 안으로 소화관을 넣어 조갯살을 소화시켜 먹는다. 충남
태안. (위)

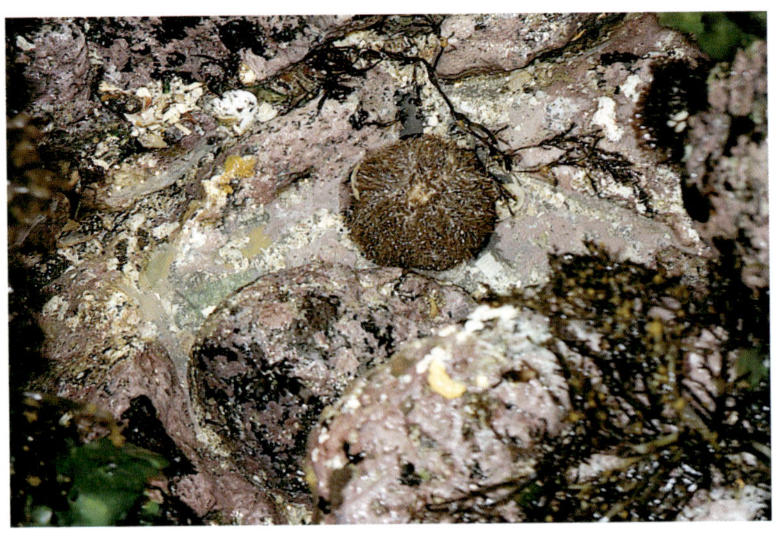

성게 성게는 밤송이처럼 생겼으며 동전처럼 생긴 연잎성게나 심장처럼 생긴 염통성게
도 있다. 대부분의 성게는 주먹만한 크기이나 큰 것은 지름이 30센티미터 이상 되는
것도 있다. 제주 성산.

불가사리의 종류에는 거미불가사리가 있는데 팔이 아주 가늘고 길어
거미발처럼 생겼다. 거미불가사리는 천적에게 팔을 붙잡히면 끊어 버
리고 도망간다. 불가사리는 팔이 잘려도 다시 생겨나는 재생 능력이 뛰
어난 동물인 것이다. 우리나라에는 42종류의 불가사리와 43종류의 거
미불가사리가 서식하고 있는 것으로 알려져 있다.

해삼은 물고기가 다가와 먹으려고 하면 마치 국수처럼 생긴 끈끈한
창자를 내뱉는다. 물고기가 달라붙은 창자를 떼는 동안 또는 물고기가
이것을 먹는 동안 유유히 도망친다. 없어진 창자는 다시 만들어지므로
이것을 방어 수단으로 이용한다. 대부분의 해삼들은 바닥에 가라앉은
죽은 동물이나 유기물 찌꺼기를 먹고 사는 청소부의 역할을 한다. 식용
으로 이용하는 참해삼은 온대에서 한대 지역까지 넓게 분포한다.

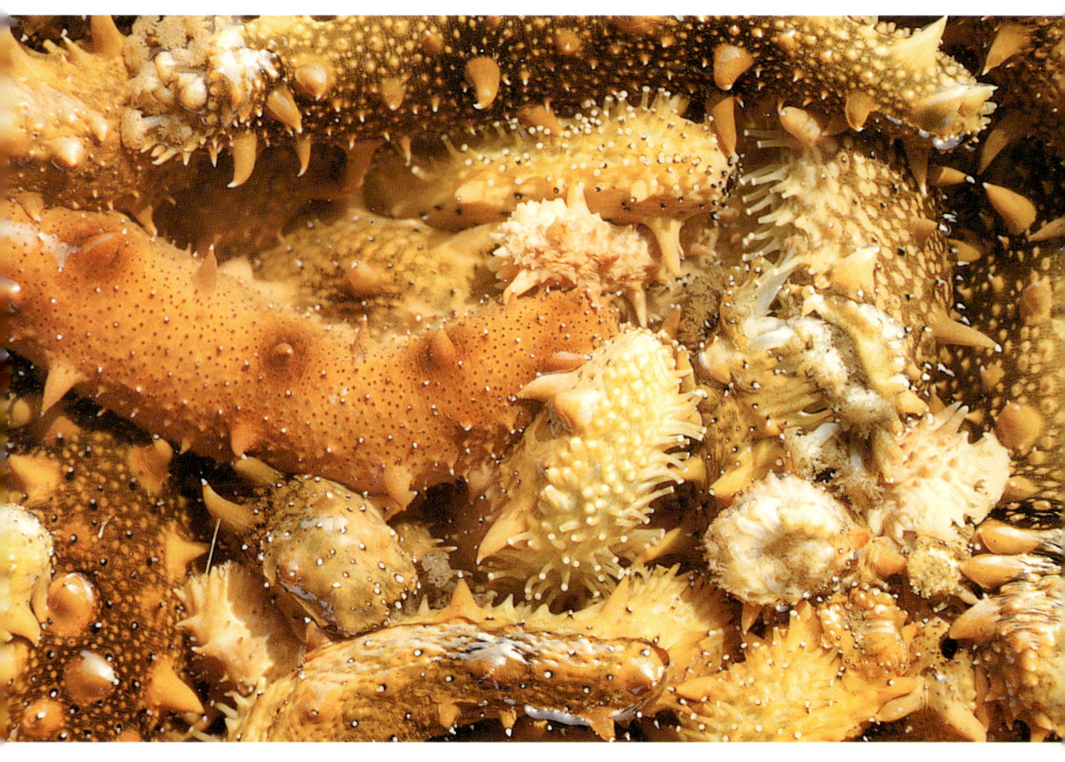

해삼 동물의 사체나 유기물 찌꺼기를 먹는 청소부 역할을 하는 해삼은 물고기가 다가 와 먹으려고 하면 마치 국수처럼 생긴 끈끈한 창자를 내뱉는다. 물고기가 창자를 떼거 나 먹어치우더라도 다시 만들어지므로 이것을 방어 수단으로 이용한다. 강원 산대월리.

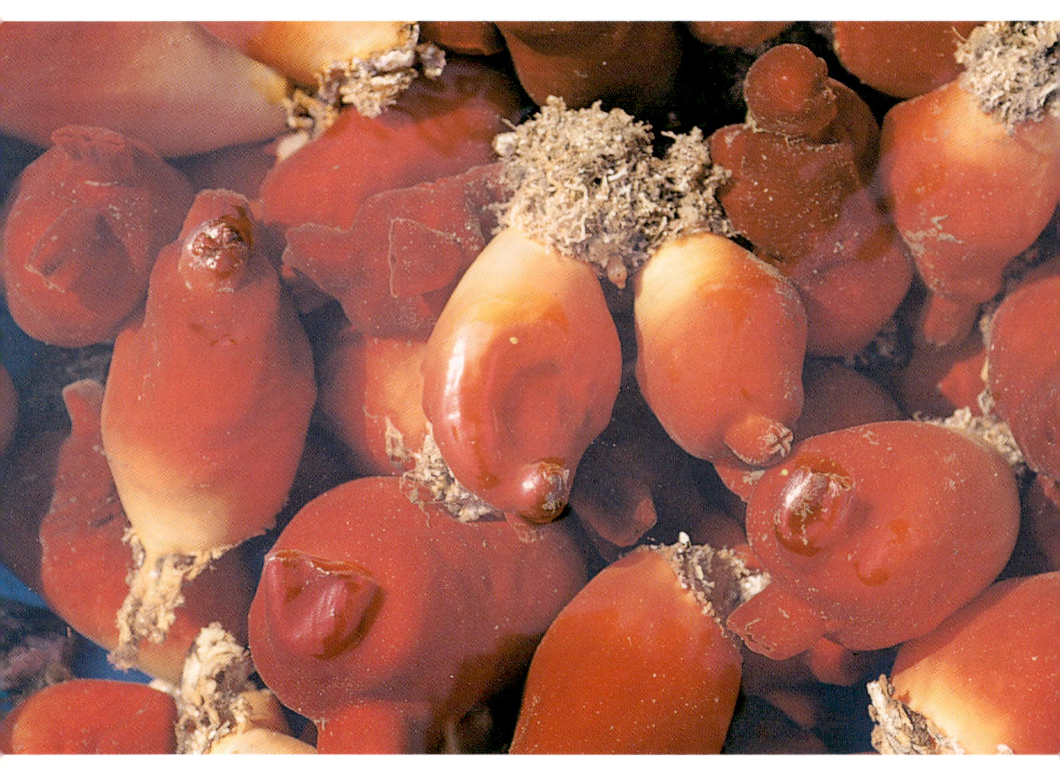

멍게 원시적인 척추를 가지고 있는 척색동물로 멍게는 두꺼운 껍질로 된 자루를 가지고 있어 피낭류라고 한다. 강원 산대월리.

성게는 밤송이처럼 생겼으며 동전처럼 생긴 연잎성게나 심장처럼 생긴 염통성게도 있다. 대부분의 성게는 주먹만한 크기이나 큰 것은 지름이 30센티미터 이상 되는 것도 있다. 말똥성게는 지름이 4센티미터 정도 자라고 구형이며 연한 녹회색을 띠고 있다. 보라성게는 짙은 보라색이며 바위에 붙어 있는 해조를 갉아먹고 산다. 연잎성게나 염통성게는 모래나 뻘 속을 파고 들어가 생활하며 모래에 붙어 있는 작은 규조류를 먹고 산다.

운단이라 불리는 주홍색의 성게 알은 식용으로 사용된다. 우리나라에는 23종류의 성게가 서식하는데 보라성게는 주로 남해와 동해에 많이 서식하고 5, 6월에 산란한다.

척색동물

피낭류—멍게, 미더덕

멍게(우렁쉥이)와 미더덕은 원시적인 척추를 가지고 있는 척색동물의 피낭류에 속한다. 피낭류는 두꺼운 자루를 가지고 있다고 하여 붙여진 이름이다. 미더덕을 씹으면 물이 나오는데 마치 물총 같다 하여 영어로는 바다물총(sea squirt)이라 불린다.

피낭류의 부유성 유생은 마치 올챙이처럼 생겼는데 꼬리 부분에 척색이 있으나 착생을 하게 되면 척색이 없어지고 성체로 된다. 피낭류는 껍질에 입수공과 출수공 2개의 구멍이 있어 입수공으로 들어온 물이 아가미를 통과할 때 플랑크톤과 같은 먹이를 점막에 걸러 먹는다. 물과 배설물은 출수공을 통해 몸 밖으로 나가게 된다. 멍게의 붉은색 달걀 모양의 질긴 가죽 주머니를 제거하면 우리가 식용으로 하는 오렌지색 부분이 나타난다.

유영 생물 – 바닷속 수영 선수

　유영 능력이 뛰어난 생물을 유영 생물이라 하는데 대표적으로 척추동물인 어류가 있다. 무척추동물로는 연체동물의 두족류에 속하는 오징어와 문어가 유영 생물에 속하고 해양 파충류, 해양 조류, 해양 포유류 등도 유영 생물에 속한다.

　어류는 등뼈를 가지고 있는 척추동물이고 물 속에 살며 아가미로 숨을 쉰다. 대부분의 어류는 몸이 비늘로 덮여 있으며 지느러미를 이용해 헤엄친다. 이들의 몸은 유영할 때 물의 저항을 적게 받기 위해 유선형으로 되어 있다. 어류의 크기는 다양하여 가장 큰 고래상어는 몸길이가 15미터에 달하고 체중은 20톤이 넘는다. 가장 작은 것은 필리핀에 사는 왜망둥어로 몸길이가 8밀리미터밖에 안 된다.

　여태까지 알려진 어류의 종류는 약 2만여 종이다. 어류는 뼈의 단단한 정도에 따라 단단한 경골 어류와 물렁뼈로 된 연골 어류로 나눌 수 있다. 흔히 보는 고등어, 가자미, 참치 등은 경골 어류에 속하고 상어, 가오리 등은 연골 어류에 속한다. 또 턱이 없는 어류인 무악류에 칠성장어나 먹장어 등이 포함된다. 어류가 지구상에 처음 나타난 것은 약 5억 년 전으로 알려져 있다.

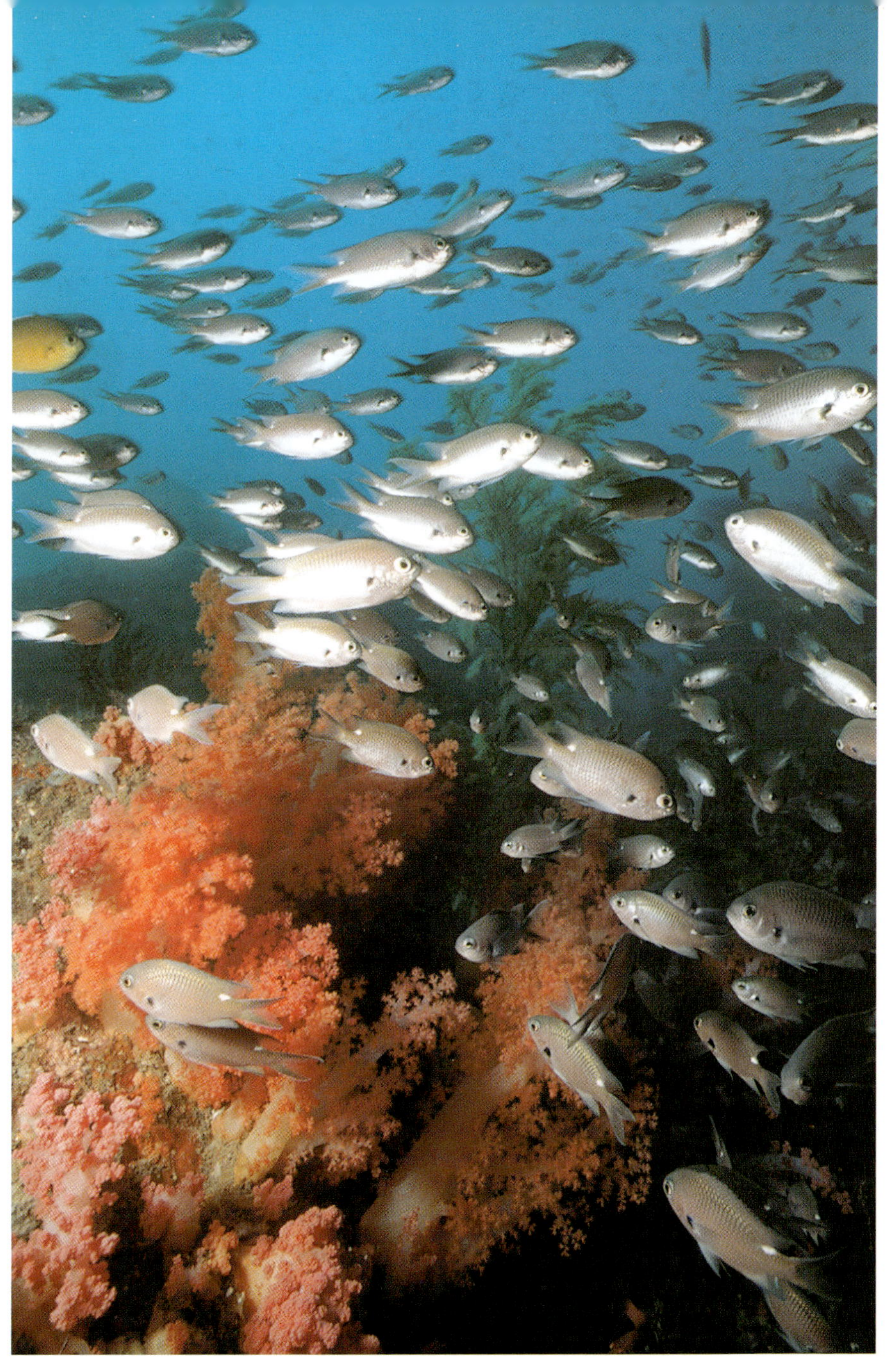

어류 어류는 등뼈를 가지고 있는 척추동물이고 물 속에 살며 아가미로 숨을 쉰다. 대부분의 어류는 몸이 비늘로 덮여 있으며 지느러미를 이용해 헤엄친다. 사진 김병일.

두족류

오징어와 문어

오징어는 전세계에 약 460여 종이 있는 것으로 알려져 있고 우리나라에는 8종이 살고 있다. 동해에서 가장 많이 잡히는 살오징어는 불빛에 잘 모이는 습성이 있다. 오징어잡이 철이 되면 오징어를 유인하는 집어등을 단 배들이 밤 바다를 마치 대낮처럼 밝히게 된다.

오징어는 로켓이 작용·반작용의 법칙에 의해 날아가듯 물을 몸 안

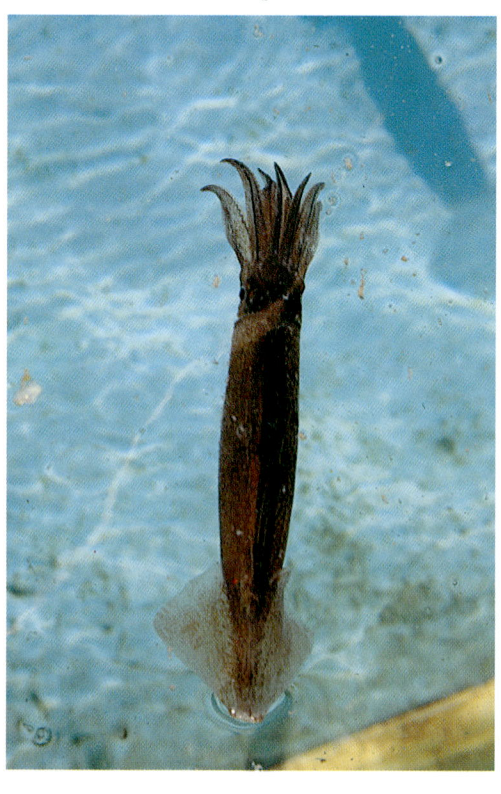

오징어 다리가 머리에 달려 두족류라고 한다. 오징어는 물을 몸 안에 넣었다가 구멍으로 세차게 뿜어내며 뒤쪽으로 헤엄친다. 팔이 10개이고 그 가운데 2개가 나머지 8개보다 길다. 강원 속초.

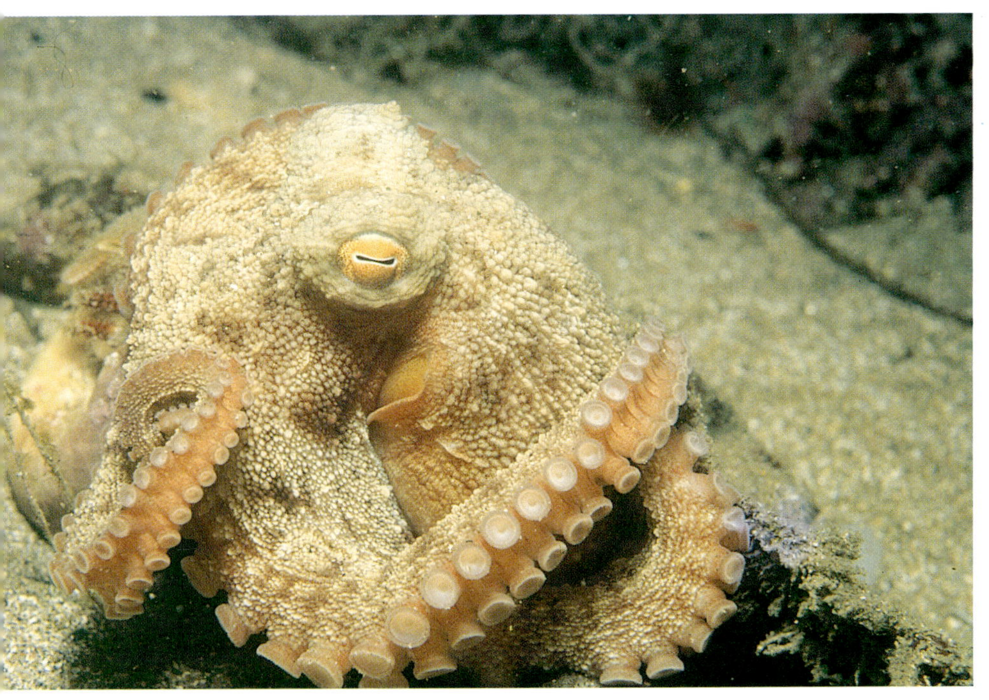

문어 상황에 따라 몸의 색을 다양하게 바꾸는 재주를 가진 문어는 평상시에는 바닥을 기어다니거나 바위틈에 숨어 있으며 꼭 필요한 때를 제외하고는 헤엄을 치지 않는다. 사진 김병일.

에 넣었다가 구멍으로 세차게 뿜어내며 뒤쪽으로 헤엄친다. 오징어는 팔이 10개이고 그 가운데 2개는 나머지 8개보다 길다.

우리는 오징어의 촉수를 다리라고 부르나 촉수가 하는 역할이 주로 팔의 구실을 하므로 팔이라고 부르는 것이 옳을 것이다. 먹이 잡을 때와 짝짓기할 때는 주로 긴 2개의 팔을 사용하고 잡은 먹이를 먹을 때는 짧은 8개의 팔을 쓴다. 오징어는 다른 동물에게 위협을 받으면 먹물을 뿜어 적의 시야를 가리고 그 틈에 도망간다.

오징어는 크기가 1.5센티미터밖에 안 되는 아주 작은 것에서부터 대왕오징어처럼 길이가 약 20미터나 되는 큰 오징어까지 다양하다. 대왕오징어는 향고래의 먹이로 알려져 있다.

오징어의 머리는 몸의 가운데에 있다. 우리가 흔히 머리일 거라고 생각하는 몸통 끝의 삼각형 모양은 지느러미이고 팔이 달려 있는 부분이 바로 머리이다. 머리에는 인간의 눈처럼 잘 발달된 한 쌍의 눈이 있고 새의 부리처럼 생긴 날카로운 주둥이가 있다.

문어는 오징어와 달리 팔이 8개로 길이가 모두 같다. 평상시에는 바닥을 기어다니거나 바위틈에 숨어 있으며 꼭 필요한 때를 제외하고는 헤엄을 치지 않는다. 문어는 앵무새 부리같이 생긴 주둥이로 단단한 껍질을 가진 게나 바닷가재도 잡아먹을 수 있다.

문어는 무척추동물 가운데 머리가 가장 뛰어난 동물이며 모성애가 대단한 것으로 알려져 있다. 문어는 늦여름부터 초가을에 걸쳐 알을 낳아 바위틈에 붙여 놓고는 한두 달 동안 식음을 전폐하고 오직 알 지키는 일에만 몰두한다.

문어나 갑오징어는 몸의 무늬와 색깔을 자유자재로 바꿀 수 있으며 무늬와 색깔로 의사 소통을 한다. 수컷이 암컷과 짝짓기를 하려 할 때 다른 수컷이 나타나면 번쩍거리는 얼룩무늬를 만들어 경고 신호를 보내기도 하고 암·수컷이 서로 좋아하는 감정을 색깔로 전달하기도 한다.

어류

어류의 특징

대부분 어류의 표면은 몸을 보호해 주는 역할을 하는 비늘로 덮여 있다. 비늘이 없는 어류도 있으나 이런 어류들은 피부가 튼튼하거나 점액질로 덮여 있다. 어류의 몸을 덮고 있는 비늘은 몸 뒤쪽으로 기울어져 나 있기 때문에 꼬리 부분에서 머리 쪽으로 쓰다듬으면 거칠거칠한 것을 느낄 수 있다.

현미경으로 비늘을 관찰하면 마치 나무의 나이테와 같은 것이 있어 어류의 나이를 알 수 있다. 나이테의 간격이 넓은 것은 그해에 어류가 빨리 자랐음을 보여 준다. 이석이라는 귓속에 든 뼈에 새겨진 나이테를 보고도 나이를 알 수 있다.

산호초에 서식하는 형형색색 어류들의 군무를 보고 있노라면 황홀경에 빠져 만약 낙원이 있다면 바로 이런 곳이 아닐까 하는 생각이 들게 된다.

그러나 이렇게 화려한 색깔은 단지 아름답게 보이기 위해서만이 아니라 생존을 위해서도 필요한 것이다. 특히 산호초에 사는 빨강, 노랑, 파랑 등 원색의 물고기는 화려한 주변 산호초와 어울리기 때문에 포식자에게 발각될 위험이 적어진다.

나비고기는 꼬리 부근에 까만 눈 모양의 점이 있다. 포식 동물이 점이 있는 꼬리 쪽을 머리로 알고 뒤쪽에서 달려들면 재빠르게 도망친다. 많은 열대어는 몸에 줄무늬나 얼룩무늬가 있어 해초 사이에서 헤엄치고 다녀도 그 무늬 때문에 포식 동물에게 발각될 위험이 줄어든다. 그러나 대부분 육지에서 멀리 떨어진 넓은 바다에 서식하는 어류는 색이 단순하다.

고등어를 보면 등은 짙푸른 어두운 색이고 배는 은색으로 빛이 난다. 햇빛에 반사되어 반짝이는 물 표면을 배경으로 헤엄치는 어류의 은색 배는 물밑에 있는 포식자의 눈에 잘 띄지 않을 것이다. 반대로 검푸른 심해를 배경으로 한 짙푸른 어류의 등도 위에서 먹이를 찾는 포식자의 눈을 벗어날 수 있다. 이러한 방법은 경쟁이 치열한 세상에 살아 남기 위한 지혜이다.

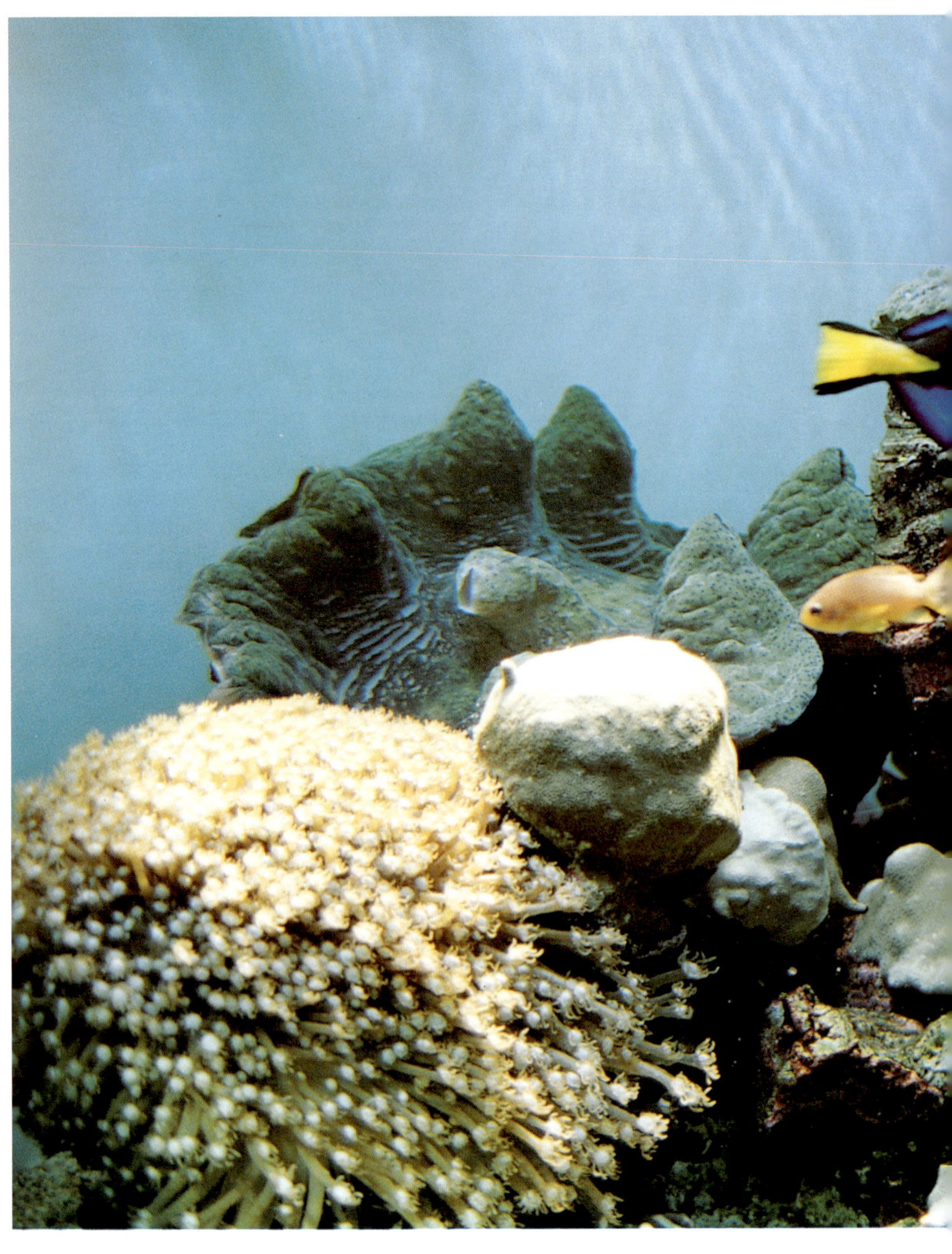

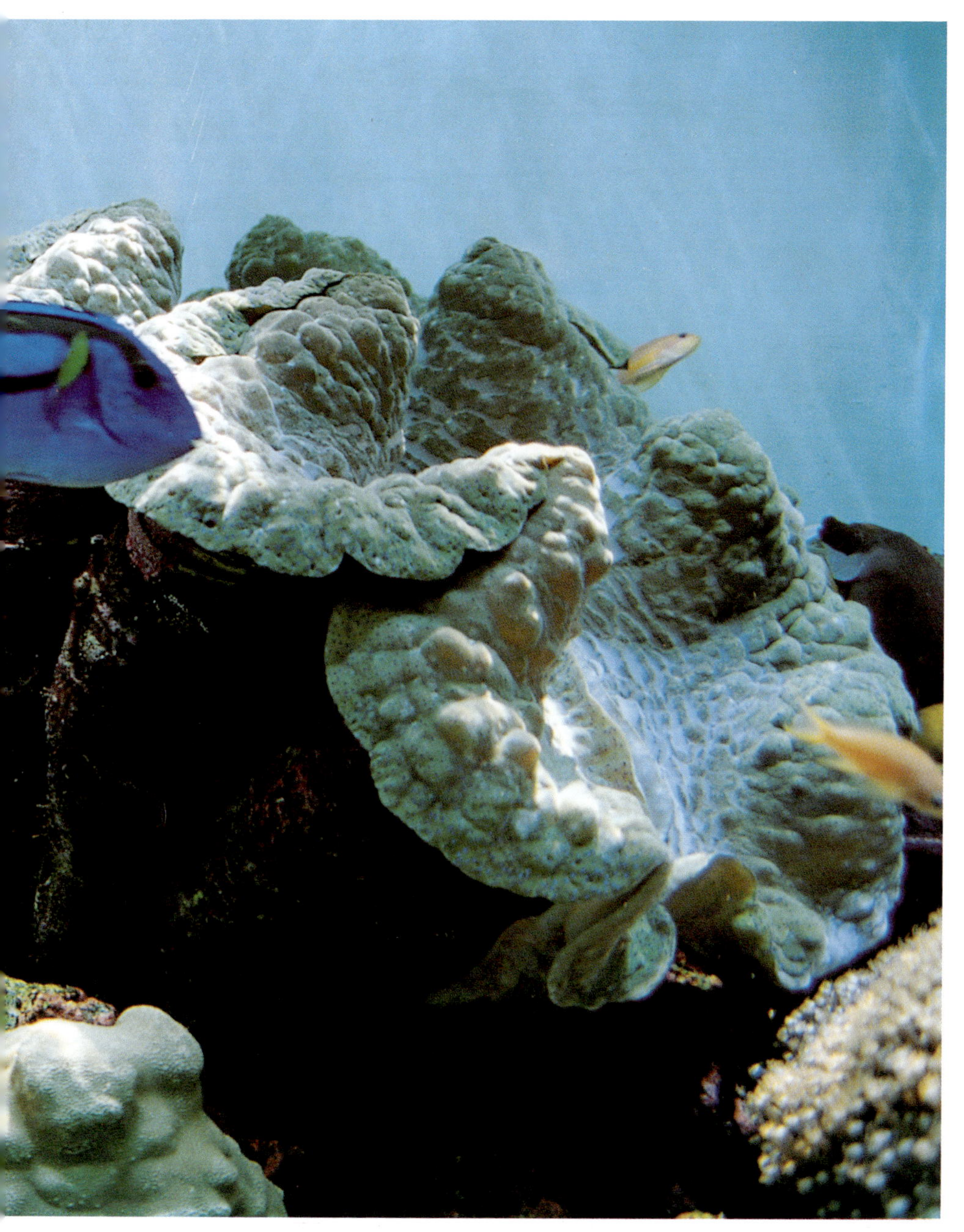

산호초에 서식하는 어류들(미국 하와이)

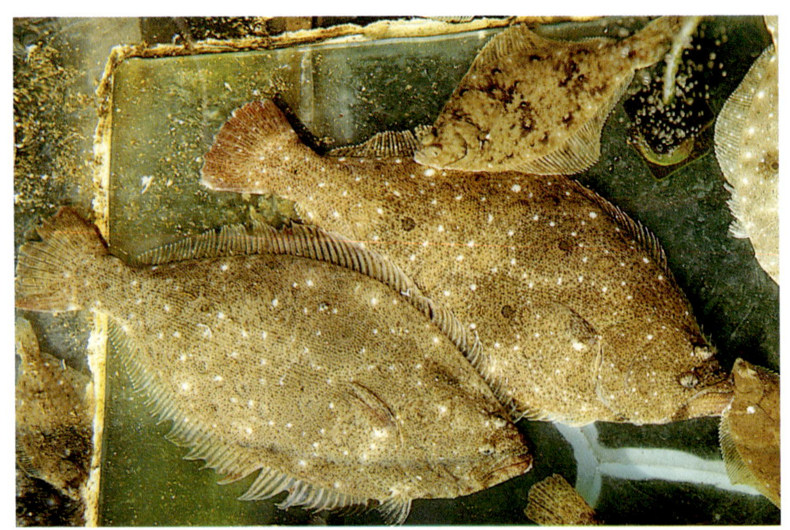

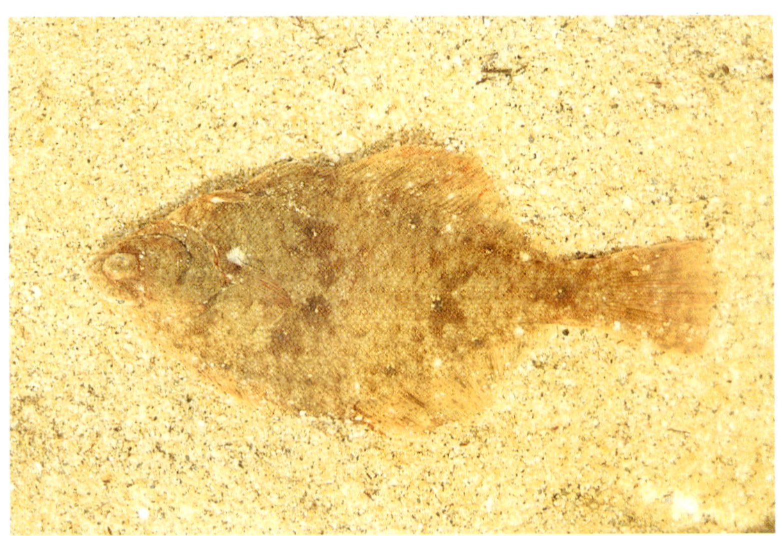

넙치 가자미와 넙치는 비슷하게 생겼으나 대부분 넙치 종류는 왼쪽으로, 가자미 종류
는 오른쪽으로 눈이 돌아가 있다. 강원 기사문리. (맨 위)

가자미 모래 위에 가만히 숨어 있는 가자미 등 부분의 색깔이 주변 모래와 아주 흡사
해 자세히 살펴보지 않으면 찾기 어렵다. 강원 공현진. (위)

다양한 모양의 어류

어류는 대부분 물의 저항을 줄이기 위해 유선형의 체형을 갖고 있다. 그러나 신기하게 생긴 어류도 많다. 실고기는 몸이 가늘고 길어 해조류 사이에 수직으로 서 있으면 찾아내기가 쉽지 않다. 머리가 말머리를 닮은 해마(sea horse)도 신기하다. 이들은 모양만 이상한 것이 아니라 번식 방법도 독특하다.

암컷이 수컷의 배에 있는 육아낭 속에 알을 낳으면 여기서 알이 부화하여 수컷의 몸 밖으로 나온다. 말하자면 남자가 출산을 하는 것이다. 호주에 살고 있는 해마 종류에는 온몸에 해조처럼 생긴 돌기가 있어 마치 물에 떠 있는 해조처럼 보이는 것도 있다.

가자미나 넙치(광어)는 몸이 납작하게 생겼다. 부화한 새끼들은 여느 물고기와 비슷한 모습이나 몇 주가 지나면 몸의 양쪽에 있던 눈 가운데 한 쪽 눈이 머리를 돌아 점차 반대편으로 가서 다른 쪽 눈 옆에 나란히 자리를 잡게 된다. 눈이 없는 쪽은 배가 되고 눈이 있는 쪽은 등이 된다.

배에는 색소 세포가 없어 거의 흰색이고 등 쪽에는 색소 세포가 많이 있어 주변 환경에 따라 몸의 색깔을 바꿀 수 있는 재주도 가졌다. 모래 위에 가만히 숨어 있는 가자미 등 부분의 색깔이 주변 모래와 아주 흡사해 자세히 살펴보지 않으면 찾기 어렵다.

가자미와 넙치는 비슷하게 생겼으나 대부분 넙치 종류는 머리의 왼쪽으로, 가자미 종류는 오른쪽으로 눈이 돌아가기 때문에 쉽게 구별할 수 있다.

독이 있는 어류

복어는 위협을 받으면 물을 들이마셔 풍선처럼 몸을 부풀린다. 종이처럼 얇은 복어회의 맛은 그야말로 일품이다. 물론 테트로도톡신

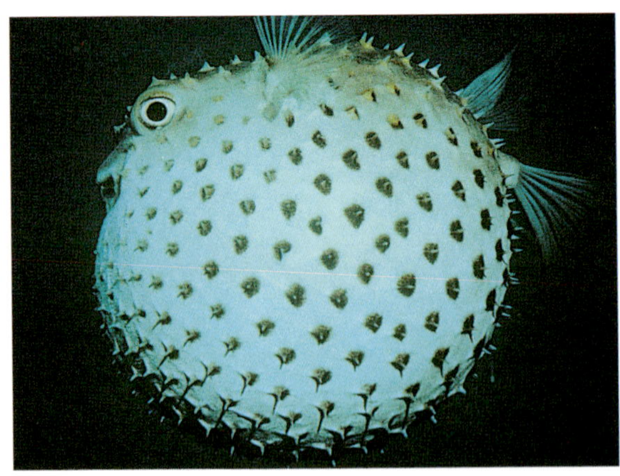

복어 복어의 독은 주로 알집, 정소, 간 등에 많이 들어 있다.
위협을 받으면 물을 삼켜 배를 불룩하게 만드는 습성이 있다.
사진 자크 쿠스토.

(tetrodotoxin)이라는 독이 있어 조심해야 된다. 복어의 독은 주로 알집,
정소, 간 등에 많이 들어 있으며 종류에 따라 약간의 차이는 있다.

쏠배감펭은 화려하게 보이는 물고기이다. 그렇지만 지느러미에는 무
서운 독침이 있다. 또 노랑가오리의 채찍처럼 생긴 꼬리에도 독이 든
가시가 있다.

노랑가오리는 바다 밑바닥에 사는 큰 물고기로부터 공격을 받으면
꼬리에 있는 침으로 적을 찌른다. 사람도 이 독침에 찔리면 심한 아픔
을 느끼고 곧 몸이 부어 오르며 심한 경우에는 죽게 된다. 독이 있는
물고기는 전세계에 약 50 종류가 있는 것으로 알려져 있다.

어류의 성

사람과 마찬가지로 물고기도 암수의 구별이 있다. 물고기 가운데 암
컷과 수컷의 색깔이 다른 것도 있고 몸의 크기에 차이가 나는 것도 있
다. 사람의 성은 성염색체에 의해 결정이 되나 물고기는 성염색체 이외

에 성호르몬에 의해서도 결정된다.

사람은 자연적으로 성이 바뀌지 않으나 물고기들 가운데에는 자연적으로 암수가 바뀌는 것도 있다. 감성돔은 암컷과 수컷의 생식기관을 모두 가지고 있어 3세 때까지는 수컷의 역할을 하지만 3세가 지나면 수컷의 생식기관이 퇴화하는 대신 암컷의 생식기관이 발달한다. 이와는 반대로 황돔처럼 처음에는 암컷이고 나중에는 수컷이 되는 물고기도 있다. 이러한 성전환은 성호르몬에 의해 이루어진다.

오스트레일리아에 사는 놀래기 종류는 한 마리의 수컷 주변에 암컷 여러 마리가 모여서 생활을 한다. 그런데 수컷이 죽게 되면 여러 마리의 암컷 가운데 하나가 수컷으로 변한다. 또 수온이 변하면 암수가 바뀌는 어류도 있다.

공생하는 어류

치열한 경쟁 사회에서 서로 도우며 사는 지혜를 터득한 물고기들도 있다. 이러한 관계를 생물학 용어로 '공생'이라고 한다.

놀래기는 큰 물고기의 입 안에 들어가 남아 있는 찌꺼기나 기생충을 먹고 산다. 큰 물고기는 입 안을 청소할 수 있어 좋고 작은 놀래기는 먹이를 얻을 수 있어 서로 도움이 된다. 게다가 입 속뿐 아니라 큰 물고기의 아가미나 피부에 붙어 있는 기생충도 청소해 준다.

열대 산호초에 살고 있는 흰동가리는 다른 물고기에게는 위험한 곳인 말미잘의 촉수 사이에 몸을 숨기고 산다. 말미잘의 촉수에는 독이 들어 있어서 다른 물고기가 건드리면 마비가 된다. 그러나 흰동가리 몸은 두꺼운 점액으로 덮여 있어 촉수에 닿아도 마비가 되지 않으니 천생 연분인 셈이다.

노메치는 고깔해파리의 촉수 사이에서 서식한다. 고깔해파리의 촉수에는 사람도 건드리면 죽을 수 있는 강독이 있다. 이들 어류는 말미잘

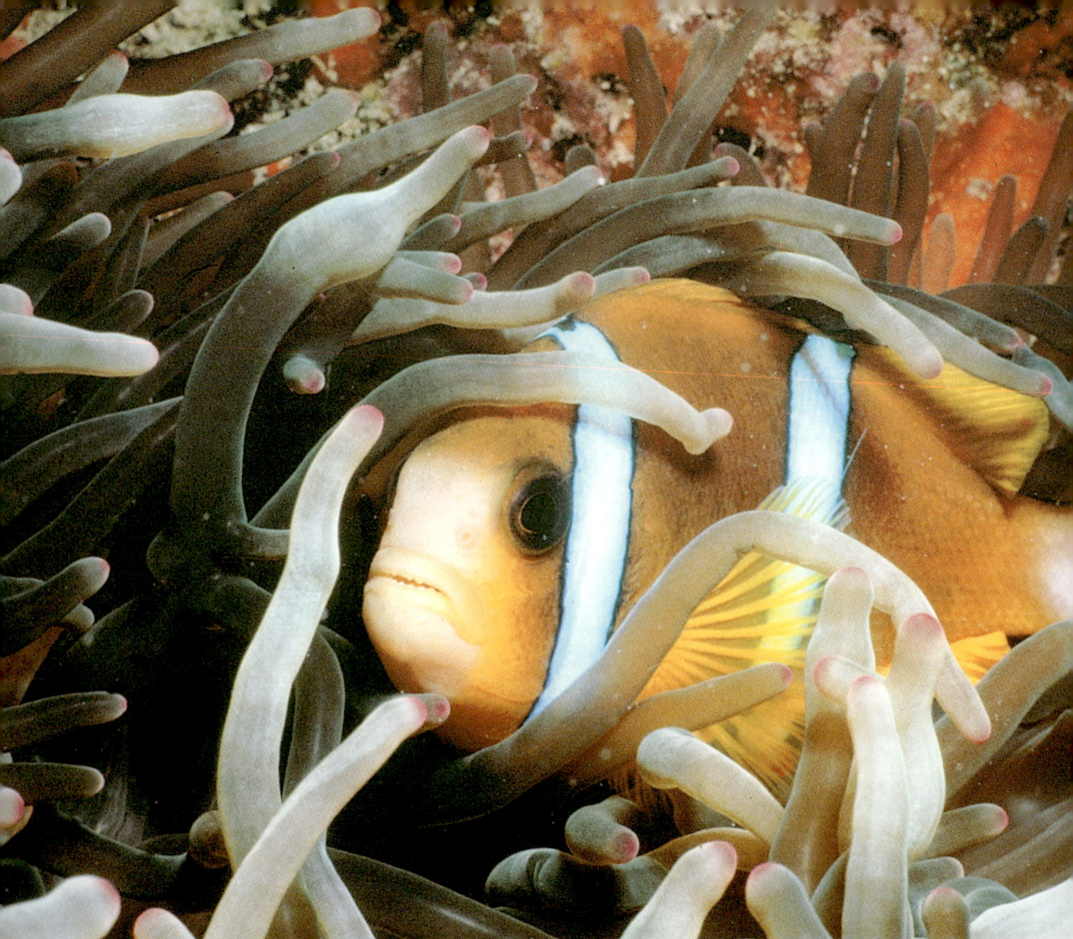

이나 고깔해파리로부터 안전한 장소를 제공 받는 대신 먹던 찌꺼기나
다른 어류들을 유인하여 먹이를 제공한다.

무리를 짓는 어류

무리를 지어 생활하는 어류가 있다. 청어들은 큰 무리를 지어 다니며
플랑크톤을 잡아먹고 산다. 무리를 짓는 이유는 포식 동물로부터 자기
를 안전하게 지키려는 것이다.

작은 물고기들이 무리를 지어 이리저리 움직이면 큰 물고기는 어떤

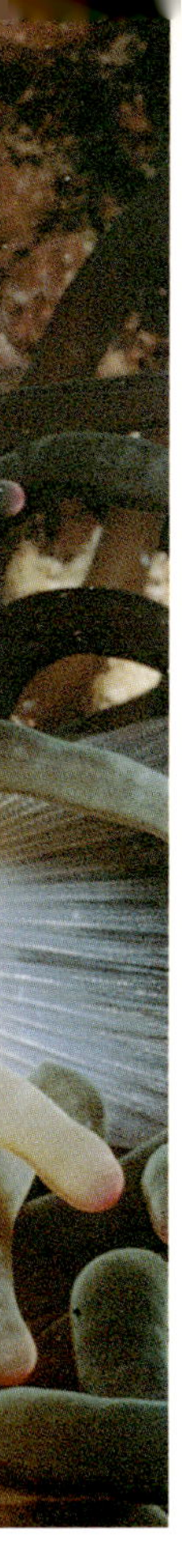

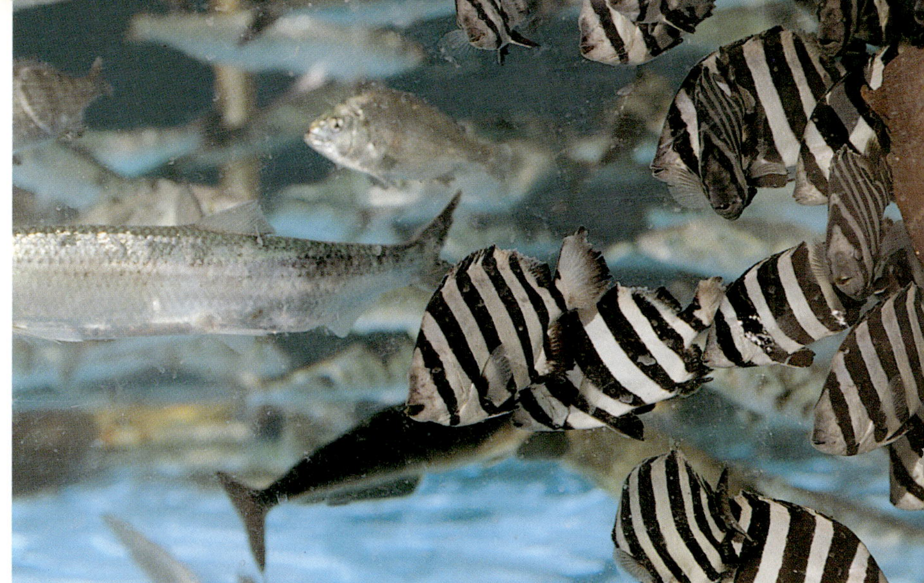

무리지어 사는 어류 무리를 지어 이동하면 물의 저항을 적게 받아 혼자 움직일 때보다 힘을 적게 들이고 이동할 수 있다. 또한 포식 동물로부터 자신을 보호하기도 한다. 강원 광진. (위)

흰동가리와 말미잘 말미잘의 촉수에는 독이 들어 있어 다른 물고기가 건드리면 마비가 되지만 흰동가리 몸은 두꺼운 점액으로 덮여 있어 촉수에 닿아도 마비가 되지 않으니 천생연분인 셈이다. 호주 대산호초. 사진 빌 우드. (왼쪽)

것을 잡아먹을 것인지 결정하기가 힘들 것이다. 작은 물고기 떼가 일정한 방향으로 동시에 움직이면 마치 큰 물고기가 움직이는 것처럼 보여 포식자의 공격을 방지할 수 있다. 또 이렇게 무리를 지어 이동하면 물의 저항을 적게 받아 혼자 움직일 때보다 힘을 적게 들이고 이동할 수 있다.

번식 기간 동안 큰 무리를 짓는 어류들도 있다. 그러나 무리를 지어 다녀 손해를 보는 경우도 있다. 청어는 무리를 지어 다니므로 사람들이 어군 탐지기를 사용해 무리를 찾아내어 그물로 쉽게 잡을 수 있다.

어류의 염분 조절

많은 어류들은 삼투압을 조절할 수 있는 능력을 가지고 있다. 바다에 사는 물고기는 바닷물의 염분 농도가 더 높기 때문에 체액을 몸 밖으로 빼앗긴다. 따라서 탈수 현상을 막기 위해서 짠물이라도 마시게 되고 이때 몸 속으로 들어오는 과다한 염분은 아가미에 있는 염분 배출 세포를 통해 밖으로 버린다.

반대로 민물고기는 체액의 농도가 더 높아 밖에서 체내로 물이 들어오므로 신장을 통해 소변으로 자주 배설한다. 이때 신장에서는 염분이 유출되는 것을 막기 위해 최대한 재흡수한다.

이렇듯 바닷물고기는 바닷물에, 민물고기는 민물에 적응하도록 되어 있다. 그래서 바닷물고기를 민물에 넣거나 민물고기를 바닷물에 넣으면 살지 못하고 죽어 버린다. 그러나 연어나 뱀장어처럼 바닷물과 민물을 오가며 양쪽 어느 곳에서도 살 수 있는 어류도 있다. 이들은 조직 내의 염분과 물 농도를 조절할 수 있는 능력을 가지고 있다.

여러 어류의 예

물 밖의 망둑어 육지로 올라와 장시간 불편 없이 생활하는 어류도 있다. 물이 빠진 개펄에 가 보면 망둑어들이 발달한 가슴지느러미로 팔딱팔딱 뛰어다니는 것을 발견할 수 있다.

망둑어는 아가미 안에 물을 보관하였다가 호흡할 때 이용한다. 이들은 개구리처럼 물과 육지에서 모두 생활할 수 있는 양서류가 어류에서 진화했을 가능성을 보여 준다. 나무에 기어오르기도 하는 등목어는 입으로 직접 공기를 들이마신다. 그곳에는 실핏줄이 많이 퍼져 있는 주름진 기관이 있어 핏속으로 산소를 공급할 수 있다.

어류 중에는 육상 동물과 마찬가지로 허파를 가진 폐어가 있다. 아프리카에 사는 폐어는 건기 동안 물이 말라 버리면 진흙 속으로 파고

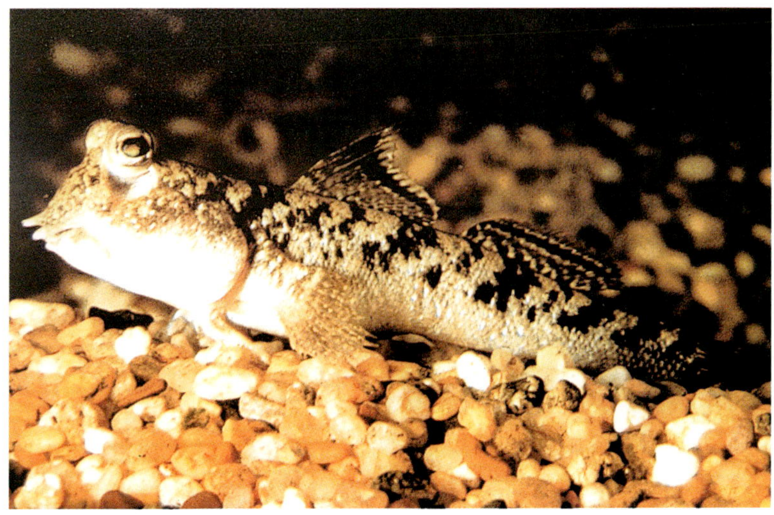

망둑어 아가미 안에 물을 보관하였다가 호흡할 때 이용한다. 이들은 개구리처럼 물과 육지에서 모두 생활할 수 있는 양서류가 어류에서 진화했을 가능성을 보여 준다. 사진 자크 쿠스토.

들어가 점액질로 몸을 감싸서 수분이 증발하는 것을 막고 공기 호흡을 한다.

날치 날치는 가슴지느러미가 새의 날개처럼 크게 발달하여 바다 위로 10미터 가까이 뛰어올라 최대 시속 약 50킬로미터 이상으로 날 수 있다. 한 번 물위로 뛰어오르면 200여 미터 이상 날기도 한다. 그러나 새처럼 날갯짓을 하여 나는 것은 아니고 뛰어오르던 힘으로 마치 글라이더처럼 날아가는 것이다.

쥐가오리도 날치처럼 날 수 있다. 쥐가오리는 몸길이가 5미터 이상 되고 몸무게는 2톤 가까이 되는 큰 어류이다. 새처럼 큰 지느러미를 펄럭이면서 유영하다가 때때로 물 밖으로 5미터 정도나 뛰어오른다. 서양에서는 쥐가오리를 악마고기라고 부르나 성질은 온순하다. 쥐가오리

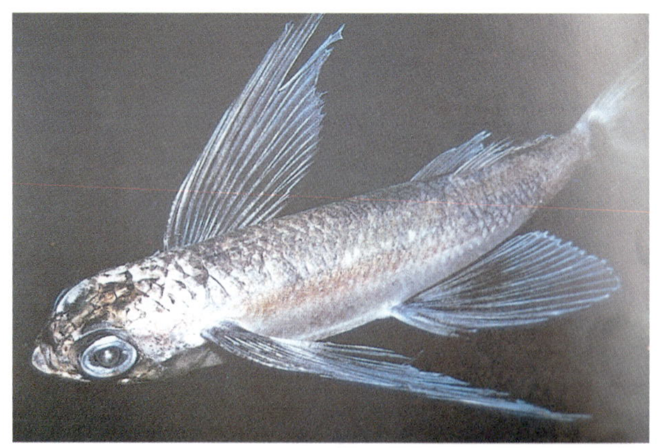

날치 날치는 가슴지느러미가 새의 날개처럼 크게 발달하여 바다 위로 10미터 가까이 뛰어올라 최대 시속 약 50킬로미터 이상으로 날 수 있다. 사진 자크 쿠스토.

가 물 밖으로 뛰어오르는 이유를 정확히 모르지만 몸에 붙은 기생충을 떨구기 위해서 그렇게 하는 것으로 생각된다.

연어 연어는 일생의 대부분을 바다에서 보내고 산란기가 되면 하천으로 올라와 번식을 한다. 연어가 인공 위성을 이용해 위치를 찾는 장치(GPS ; Global Positioning System)를 갖고 있는 것도 아닌데 산란기가 되면 망망대해에서 자기가 태어난 하천으로 정확하게 찾아 돌아오는 것은 경이롭기만 하다. 연어의 새끼는 하천을 떠나 바다로 갈 때 강물의 냄새를 기억했다가 돌아온다고 한다.

우리나라에서도 해마다 10, 11월에 강원도 양양의 남대천으로 연어 떼가 올라온다. 양양에 있는 내수면연구소에서는 남대천으로 올라오는 연어를 인공 수정시켜 방류하는 일을 하고 있다. 남대천에서 방류된 치어들은 3, 4년 뒤에 모천회귀(母川回歸)의 본능을 거역하지 못하고 어김없이 자기 고향으로 돌아온다. 그러나 강물의 오염과 강 하구에서의

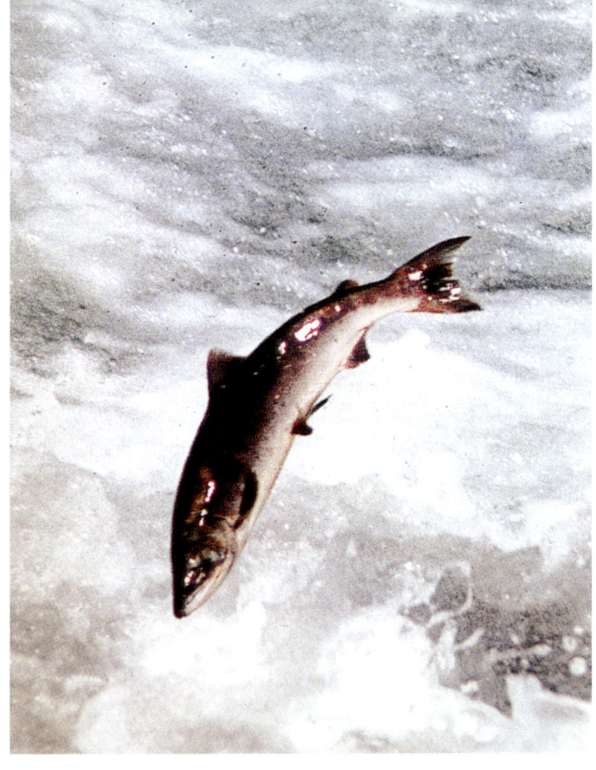

연어 연어는 일생의 대부분을 바다에서 보내고 산란기가 되면 하천으로 올라와 번식을 한다. 연어의 새끼는 하천을 떠나 바다로 갈 때 강물의 냄새를 기억했다가 돌아온다고 한다. 사진 자크 쿠스토.

남획, 댐 건설로 인한 수로의 차단 등으로 연어가 점점 줄어들고 있다.

연어의 짝짓기는 죽음을 앞둔 마지막 행사이다. 암컷은 알 낳을 장소를 물색한 뒤 꼬리지느러미와 몸통으로 자갈 바닥을 파서 움푹한 산란장을 만든다. 암컷이 주황색의 큰 알을 수천 개 낳으면 주변을 맴돌던 수컷이 우윳빛 정액을 내뿜는다. 그 뒤에 어미는 수정된 알이 물에 쓸려 내려가지 않도록 모래와 자갈로 덮는다. 종족 보전을 위한 일련의 성스러운 작업에 혼신의 힘을 쏟은 연어는 새로운 생명의 탄생을 기대하며 죽음을 맞이하게 된다.

　뱀장어　우리가 흔히 장어라고 부르는 것에는 4종류가 있는데 민물 장어는 뱀장어, 바다장어는 갯장어, 흔히 아나고(あなご)라고 불리는 것은 붕장어, 곰장어는 먹장어가 각각 정확한 이름이다. 이들은 뱀처럼 가늘고 긴 모양으로 서로 비슷하게 생겼으나 분류학적으로나 생태학적으로 차이가 있다.

　뱀장어, 갯장어, 붕장어는 모두 단단한 뼈를 가진 경골 어류에 속하나 먹장어는 가장 원시적인 어류인 원구류에 속해 족보 자체가 다르다. 우리가 흔히 민물장어라고 하는 뱀장어는 민물에서 5 내지 12년 동안 생활하다가 성숙하여 알을 낳을 때가 되면 바다로 간다. 이때는 온몸에 화려한 혼인색이 나타나며 생식기관이 성숙하는 대신 소화기관이 퇴화하여 아무 것도 먹지 않고 번식에만 몰두하게 된다.

　우리나라에 사는 뱀장어는 대만이나 필리핀 근해에서 알을 낳은 뒤에 어미는 죽게 된다. 알에서 부화한 뱀장어의 새끼는 수천 킬로미터 떨어진 부모의 고향을 향해 여행을 시작한다. 나뭇잎처럼 생긴 렙토세팔루스(leptocephalus)라 불리는 뱀장어의 새끼는 어미와는 아주 다른 모습으로 한동안 다른 종류의 물고기로 알고 있었다. 이것이 1 내지 3년의 여행 끝에 연안에 다다르면 변태를 하여 길이 5, 6센티미터의 실뱀장어가 되어 하천으로 올라간다. 뱀장어는 피부에 점액이 많아 비늘이 없는 것처럼 보이나 실은 피부 속에 조그만 비늘이 묻혀 있다.

　뱀장어와 달리 갯장어와 붕장어는 일생을 바다에서 보낸다. 갯장어는 우리나라 서·남해에 많고 바위틈이나 개펄 속에 숨어 산다. 갯장어는 다른 종과 달리 비늘이 없으며 주로 밤에 활동을 한다. 붕장어는 우리나라 전 연안에 걸쳐 살고 있으며 몸에 흰색 점이 있는 것으로 다른 종과 쉽게 구별이 된다.

　고소한 맛의 아나고회는 바로 붕장어회이다. 포장마차에서 일명 곰장어로 통용되는 먹장어는 다른 장어와는 출신 성분이 다르다. 먹장어는 주로 바닥이 모래나 개펄로 된 얕은 바다에 살며 입이 없고 대신 빨판이 있어 다른 어류에 달라붙어 살이나 내장을 파먹는다.

상어 상어는 매서운 눈매와 날카로운 이빨, 뾰족한 콧날을 가져 물고기의 제왕다운 풍모를 지녔다. 이런 외모와 이따금 들리는 상어에 의한 인명 사고 때문에 사람들은 상어를 바다의 폭군이라고 생각한다.

그러나 영화 「죠스」에 나오는 백상아리를 비롯한 몇몇 상어를 제외하고는 사람에게 해를 끼치지 않는다. 오히려 대부분의 상어는 사람을 보면 피한다. 상어 입장에서 보면 중국 요리 샥스핀이나 시력 보호제인 간유구를 만들기 위해 무차별 포획하는 사람이야말로 폭군일지도 모른다.

지구에는 약 375종의 다양한 상어들이 살고 있는 것으로 알려져 있다. 우리나라에는 정약전이 1814년에 쓴 『자산어보』에 10여 종의 상어에 대한 기록이 있으며 『한국어류도감』에는 약 40종이 기록되어 있다.

상어가 지구상에 처음 출현한 것은 원시 상어의 화석으로 미루어 보아 지금으로부터 약 4억 년 전인 것으로 추정된다. 원시 상어들 가운데 지금의 백상아리 조상으로 생각되는 메갈로돈(megalodon)이라는 것이 있었다. 크기가 어른 주먹만한 이빨화석으로 미루어 보아 메갈로돈의 크기는 10미터가 훨씬 넘었으리라 짐작된다. 우리가 두려워하는 백상아리의 크기가 5미터 정도이니 이보다도 2, 3배나 큰 메갈로돈이 얼마나 무시무시했을지 상상이 된다.

상어의 크기는 천차만별로 겨우 20센티미터밖에 안 되는 아주 작은 랜턴상어로부터 길이가 15미터 정도 되는 고래상어까지 거의 100배나 차이가 난다. 고래상어는 크기만 컸지 작은 동물 플랑크톤을 걸러 먹는 아주 유순한 상어이다.

고래상어 이외에 크면서도 유순한 상어로는 10미터 가량의 크기에 몸무게가 4톤 정도 되는 돌묵상어를 들 수 있다.

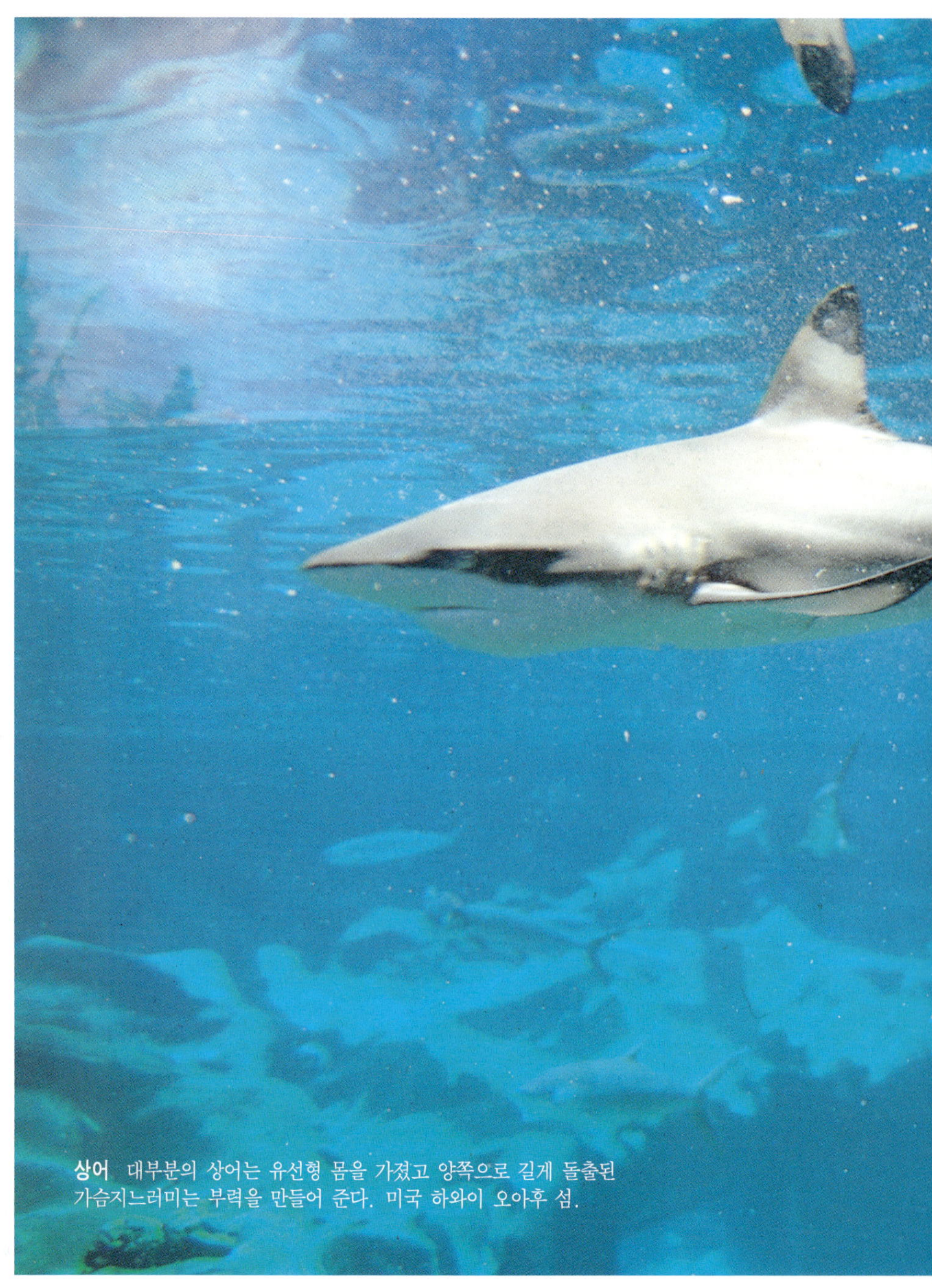

상어 대부분의 상어는 유선형 몸을 가졌고 양쪽으로 길게 돌출된 가슴지느러미는 부력을 만들어 준다. 미국 하와이 오아후 섬.

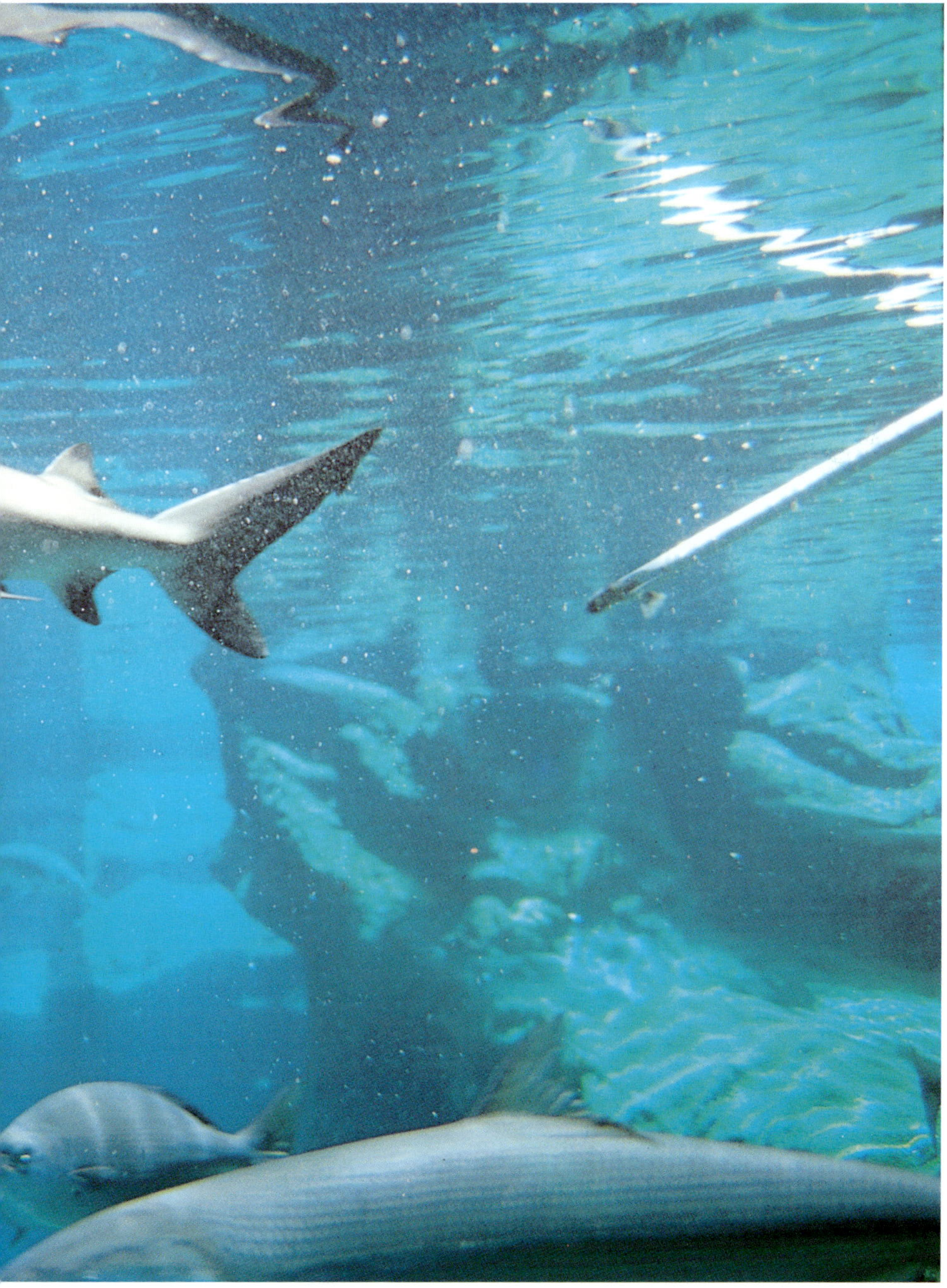

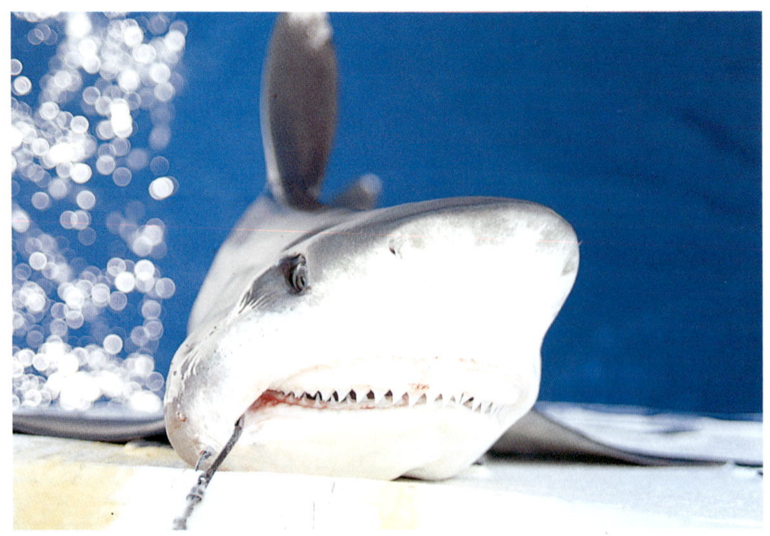

상어의 이빨 아주 날카로운 삼각형 모양이며 잇몸에 촘촘히 박혀 있다. 상어는 앞의 이빨이 빠지면 뒤쪽에 있던 것이 저절로 앞으로 나와 평생 수백 번 이빨을 교환한다. 태평양 열대 해역.

상어는 생김새도 다양하여 청상아리나 백상아리처럼 유선형인 것, 전자리상어처럼 납작한 것, 귀상어처럼 머리가 망치 모양으로 생긴 것, 톱상어처럼 머리에 톱이 달린 종류도 있다.

상어는 연골을 가지고 있으며 경골 어류와 달리 부레를 가지고 있지 않다. 그 대신 물에 쉽게 뜨기 위해 간에 가벼운 지방을 많이 가지고 있다. 상어 간에 있는 지방은 간유구를 만들 때 사용되며 비타민 A가 많이 들어 있어 시력 보호에 좋다. 상어 기름은 주름 방지용 화장품의 원료로도 쓰이고 상어의 가죽은 각종 공예품 재료로 사용된다.

상어나 가오리는 아가미 뚜껑 대신 아가미 구멍이 있다. 상어의 눈 뒤쪽에는 보통 5개의 아가미 구멍이 있다. 상어는 입으로 들어간 물이 아가미를 거쳐 아가미 구멍으로 빠져 나가는 동안 호흡을 하게 된다. 그러므로 대부분의 상어는 호흡을 하기 위해 계속 헤엄쳐야 하며 가만

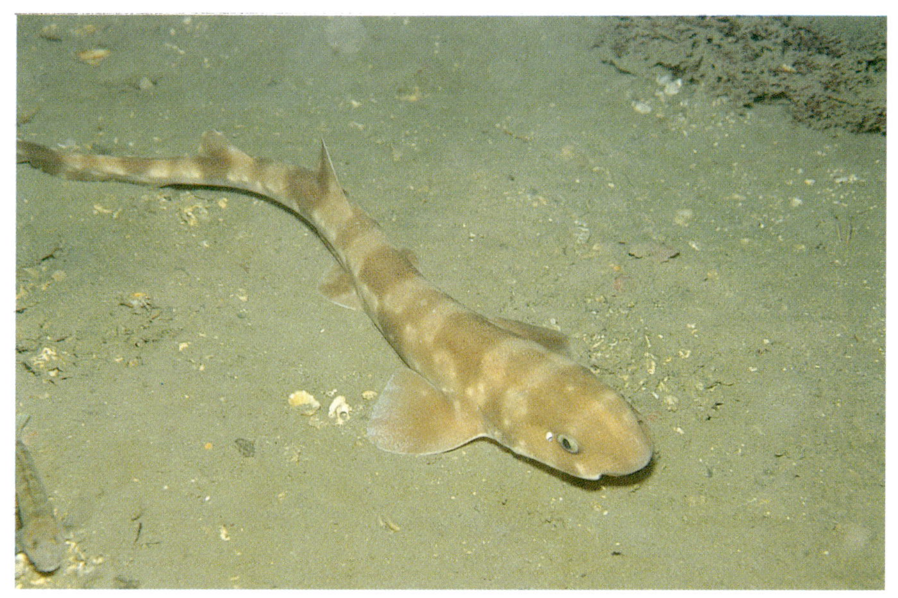

두툽상어 바닷속 모래 바닥에 머물고 있는 두툽상어이다. 상어는 냄새를 아주 잘 맡으며 입과 식도에 미뢰가 있어 맛을 볼 수 있다. 사진 김병일.

히 있으면 질식해 죽는다. 경골 어류들은 자의적으로 물을 삼켜 아가미 쪽으로 보내 호흡하는데 상어는 이것이 불가능하다. 그래서 계속 헤엄치면서 수동적으로 물을 아가미로 보내야 한다.

상어의 이빨은 아주 날카로운 삼각형 모양이며 잇몸에 촘촘히 박혀 있다. 사람은 유치를 한 번만 갈지만 상어는 평생 수백 번 이빨을 교환할 수 있다. 상어는 앞의 이빨이 빠지면 뒤쪽에 있던 것이 저절로 앞으로 나오게 된다. 턱뼈는 관광객들에게 기념품으로 팔리고 있으며 상어 낚시꾼에게는 전리품으로 장식하기 위해 필요하므로 인기가 높다.

상어의 피부에는 이빨처럼 생긴 돌기들이 있어 손으로 문질러 보면 마치 사포처럼 깔끄럽게 느껴진다. 한자로 상어를 뜻하는 사(鯊) 자에도 모래 사(沙) 자가 들어 있으며 그 껍질이 모래와 같이 거칠다 하여 상어를 '사어(沙魚)'라고도 한다.

　대부분 어류는 체외 수정을 하고 수정란이 부화하여 자라는 난생을 한다. 그러나 많은 종류의 상어와 가오리는 난태생이나 태생을 한다. 수컷 상어는 배지느러미 안쪽에 한 쌍의 교미기를 가지고 있다. 수컷은 암컷과 짝짓기를 하기 전에 깨물거나 껴안는 애무 행동을 하며 교미기 가운데 하나를 암컷의 총배설강에 넣고 정자를 암컷의 몸으로 보낸다. 암컷의 몸 속에서 수정이 된 알은 새끼 상어로 자라 태어난다.

　난태생을 하는 상어는 발생중인 배에 붙어 있는 노른자에서 영양분을 공급 받으며 태생을 하는 상어는 어미의 핏속에 든 영양분이 태반을 지나 탯줄을 통해 발생중인 새끼 상어에게 공급된다. 곧 사람의 태아가 엄마에게서 영양분을 공급 받는 것과 마찬가지 방법을 사용한다. 이렇게 자란 상어의 새끼는 어미의 총배설강 밖으로 꼬리부터 나오게 된다. 이때는 아직 어미와 탯줄로 연결되어 있으며 잠시 뒤 탯줄을 끊고 어미에게서 떠난다. 태생을 하는 상어가 태어나자마자 독립하는 것이 사람과 다르다.

　새끼를 낳는 대신 난생을 하는 돔발상어는 수정된 알을 가죽 같은 알 껍질 속에 넣어 파도에 휩쓸리지 않게 해조에 단단히 부착시켜 놓는다. 그러면 수정란은 이 알 껍질 속에서 새끼 상어로 자라 알 껍질을 깨고 나온다.

　상어도 사람처럼 시각, 청각, 후각, 미각, 촉각의 다섯 가지 감각기관이 있다. 그 밖에 먹이로부터 전달되는 진동이나 전기 신호를 느낄 수 있는 감각기관도 있다. 사람과 마찬가지로 상어의 눈에는 빛의 강약을 감지하는 간상세포와 색깔을 감지하는 원추세포가 있다. 귀에는 다른 척추동물과 마찬가지로 세반고리관이 있어 어디로 움직이는지 방향 감각을 느낄 수 있다. 상어는 냄새를 아주 잘 맡으며, 입과 식도에 미뢰가 있어 맛을 볼 수 있다.

상어의 몸에는 옆줄이 있고 이곳에 작은 구멍이 뚫린 관이 있으며 잔털이 많이 있어 진동을 느낄 수 있다. 상어가 가지고 있는 특이한 감각 기관은 로렌치니기관으로 먹이로부터 나오는 전기 신호를 감지할 수 있는 곳이다. 또한 상어는 지구 자기장을 감지하여 가고자 하는 방향을 정할 수 있음이 실험 결과 밝혀지기도 했다.

해양 파충류

파충류는 주위 온도에 따라 체온이 변하는 변온 동물이라 온도가 낮으면 신진 대사 활동이 활발히 일어나지 않는다. 그러므로 대부분의 해양 파충류들은 수온이 높은 열대나 아열대 해역에 살기 마련이다.

우리나라처럼 온대에 위치한 곳에서는 해양 파충류를 보기 어렵지만 바다거북과 바다뱀은 우리나라에도 서식하고 있는 것으로 알려져 있다. 그러나 바다도마뱀과 바다악어는 서식하지 않는다.

우리나라에는 4종의 거북이 서식하는데 그 가운데 장수거북과 바다거북 2종이 해산이며 해산 뱀으로는 바다뱀, 먹대가리바다뱀 2종의 기록이 있다.

지금은 열세에 있으나 한때는 파충류인 공룡이 지구의 주인이었던 시절이 있었다. 몸집이 컸던 공룡은 멸종되고 없으나 크기가 작은 악어, 뱀, 거북, 도마뱀 등은 그 명맥을 현재까지 이어오고 있다.

바다거북 바다거북은 전세계에 8종이 살고 있으며 1억 5천만 년 전에도 바닷속을 누비고 다녔다. 대부분 바다거북은 따뜻한 곳에 살고 있으나 먹이를 찾아서 난류를 따라 찬 바다로 이동하기도 한다.

우리나라에서도 난류를 따라온 거북이 여름철에 발견된 적이 있다. 그러나 극지방에서는 찾아볼 수 없다.

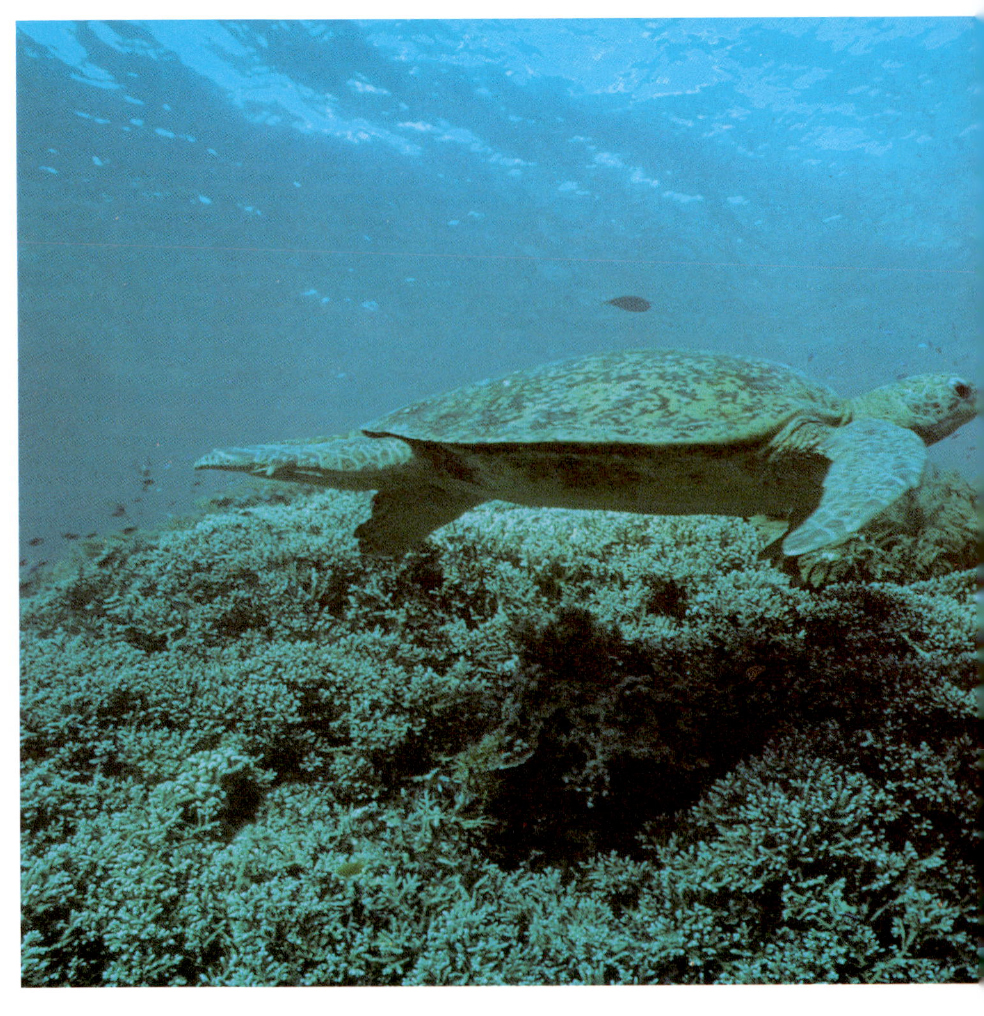

바다거북 수심이 얕은 곳에서 좋아하는 해파리, 해면, 해초 등의 먹이를 찾아 헤엄치고 있다. 바다거북은 눈 위에 있는 염분 배출기관을 통해 바닷물보다 두 배나 짠 물을 내보내 소금기도 뽑아 내고 눈을 씻기도 한다. 사진 김병일(위), 자크 쿠스토.(옆면)

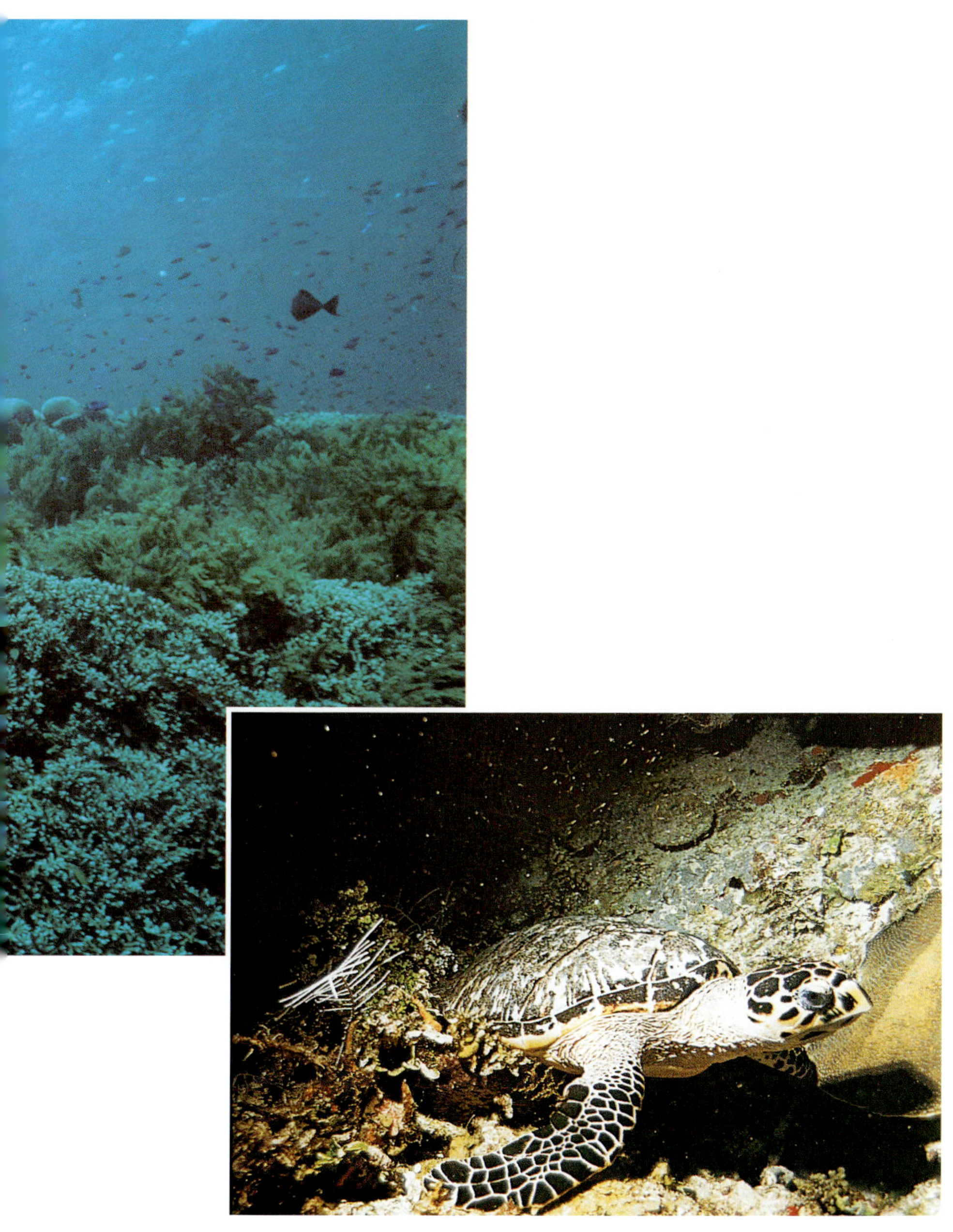

바다거북이 좋아하는 먹이는 해파리, 해면, 해초 등이다. 이들은 짠 바닷물 속에서 생활하므로 과다한 염분을 몸 밖으로 내보내야 한다. 바다거북은 눈 위에 있는 염분 배출기관을 통해 바닷물보다 두 배나 짠 물을 내보내 소금기도 뽑아 내고 눈을 씻기도 한다. 이 모양은 마치 거북이 눈물을 흘리는 것처럼 보인다. 바다거북은 헤엄치기에 알맞도록 다리가 지느러미로 변한 것이 육지거북과 다른 점이다.

바다거북은 알을 낳기 위해 생활하던 외양(外洋)을 등지고 자기가 태어난 바닷가로 수천 킬로미터를 여행한다. 거북이 어떻게 태어난 곳으로 되돌아올 수 있는지 여러 가지 설명이 있으나 아직까지도 명쾌히 밝혀지지는 않았다.

푸른 바다거북들은 모래사장에 약 40센티미터의 구덩이를 파고 탁구공처럼 생긴 100여 개의 알을 낳은 뒤 모래로 다시 잘 덮고 물 속으로 돌아간다. 모래 속에다 알을 낳으면 다른 동물로부터 잡아먹히는 것을 어느 정도 피할 수 있고 또 알이 마르지 않고 적당한 온도에서 부화할 수 있기 때문이다. 약 60일 뒤면 알은 부화하여 새끼 거북들은 기를 쓰고 모래 밖으로 나오게 된다.

어린아이 손보다도 작은 새끼 거북들은 모래를 파고 나오자마자 본능적으로 허둥지둥 바다로 향한다. 그러나 세상 구경을 처음 하는 새끼 거북을 기다리고 있는 것은 아늑한 어미의 품이 아니라 가혹한 생존 경쟁의 장이다. 대부분의 새끼들은 물로 돌아가기 전에 바다새나 게 그리고 육상 동물에게 잡아먹히게 된다. 부지런히 바닷속으로 들어가도 상황은 그다지 나아지지 않는다. 상어나 다른 물고기들이 기다리고 있는 것이다. 보통 부화된 100여 마리 가운데 살아 남는 것은 고작 한 마리 정도이다.

영겁의 세월을 버티어 온 바다거북이 지금 멸종의 위기에 놓여 있다. 사람들이 식용으로나 가죽을 얻기 위해 무분별하게 잡기 때문이다. 거북의 알도 식용이나 최음제로 사용되기 때문에 이만저만 수난을 당하는 것이 아니다. 많은 수의 거북이 장식용 박제의 표본으로 희생된다. 거북을 찾아보기 힘든 우리나라에서도 박제한 것은 흔하게 볼 수 있다.

최근의 환경 오염도 거북의 멸종을 부추기는 요인이다. 우리가 무심코 버리는 비닐 봉지가 해파리인 줄 알고 먹었다가 죽는 거북도 늘어나고 있다. 죽은 거북의 소화기관에서 소화되지 않고 남아 있는 비닐이 흔히 발견된다.

거북은 학, 사슴과 더불어 십장생(十長生)에 속하는 동물이다. 실제로 뭍에 사는 거북 가운데 200년 이상 살았다는 기록이 있으나 아직 바다거북의 수명이 어느 정도 되는지 정확히 알려져 있지는 않다. 선조들의 문학 작품에는 거북의 머리를 남성의 상징으로 비유한 것이 많다. 거북은 이렇듯 장수와 왕성한 생산력을 상징하는 상서로운 동물로 각인되어 왔다. 그렇기 때문에 거북을 잡더라도 죽이지 않았고 액운을 막기 위해 오히려 술을 먹여 용궁으로 되돌려 보내기도 하였다.

바다뱀 주로 서태평양과 인도양의 수심이 얕고 따뜻한 바다에 산다. 바다뱀은 약 50종이 살고 있는 것으로 알려져 있으며 작은 것은 길이가 1미터에서 큰 것은 3미터 정도 된다.

바다뱀은 원래 뭍에서 살다가 수백만 년 전에 생명의 고향인 바다로 되돌아가 바다 환경에 알맞도록 진화하였다. 이들은 물에서 헤엄치기 편하게 꼬리가 마치 배의 노처럼 옆으로 납작하게 생겼다. 또한 물의 저항을 되도록 적게 받기 위해 비늘이 뭍에 사는 뱀들보다 매끈매끈하게 생겼다. 그러나 뭍에 사는 뱀처럼 허파로 호흡을 하기 때문에 가끔 물위로 올라와 호흡을 하여야 한다.

바다뱀은 피부를 통해 물에 녹아 있는 산소를 흡수할 수 있는 능력이 있어 오랫동안 물 속에 머물 수 있다. 물 속에서는 콧구멍을 막아 콧속으로 물이 들어가는 것을 막을 수 있으며 육지에 사는 뱀과 달리 콧구

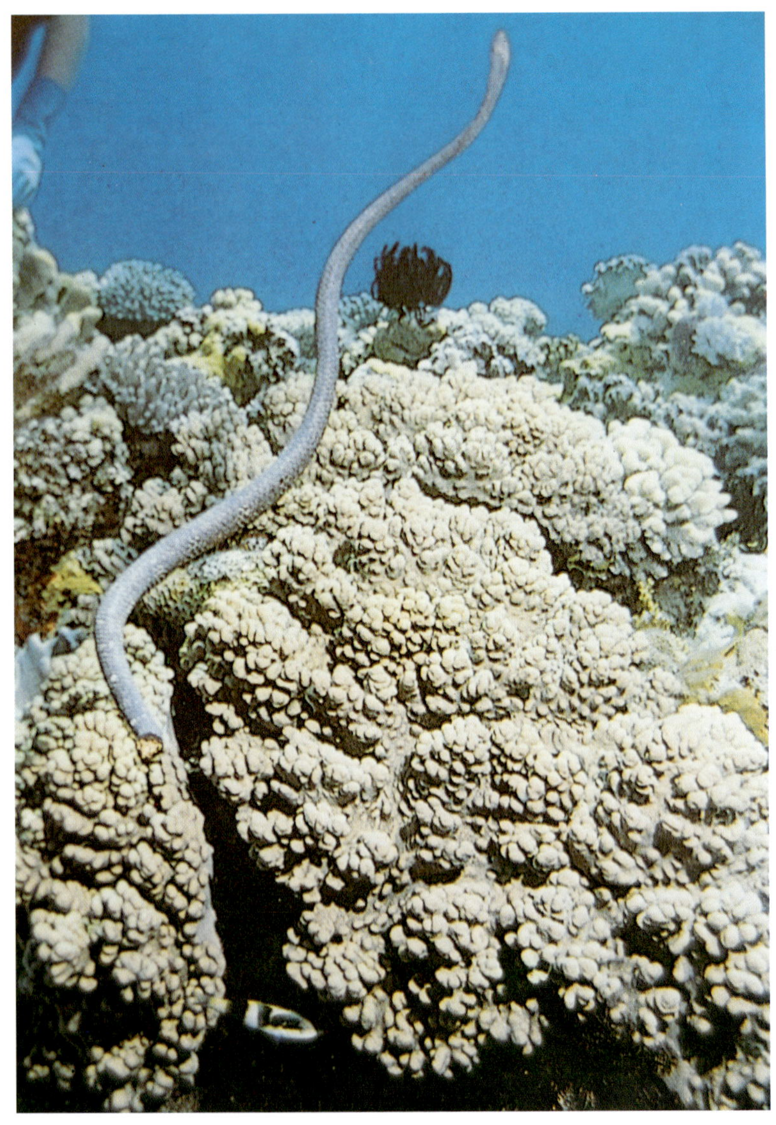

바다뱀 원래 뭍에서 살다가 수백만 년 전에 생명의 고향인 바다로 되돌아가 바다 환경에 알맞도록 진화하였다. 사진 자크 쿠스토.

멍이 머리의 맨 윗부분에 있어 수면 위로 올라와 호흡하기 편리하게 되어 있다.

바다뱀의 천적은 상어와 바다새로 특히 호흡하기 위해 수면으로 올라왔을 때 바다새에게 잡아먹힌다. 바다뱀은 코브라처럼 강한 독을 가지고 있어 조심해야 한다. 어떤 것은 코브라보다 50배나 강한 독을 가지고 있다. 다른 동물을 공격할 때는 날카로운 이빨로 무는데 이때 상대의 몸에 독이 스며들어 죽게 된다. 바다뱀들은 이 독을 이용해 주로 작은 어류들을 잡아먹고 산다. 바다뱀에 물리면 마치 침을 맞은 듯하고 물린 뒤 1시간쯤 지나면 독의 위력이 나타난다고 한다.

바다도마뱀　바다에 사는 도마뱀 가운데 유일한 것은 갈라파고스 섬(Galapagos Islands)에 사는 바다 이구아나(iguana)이다. 갈라파고스는 에콰도르의 서쪽으로 약 1,000킬로미터 떨어진 섬인데 특이한 동물들이 많이 살고 있다.

바다도마뱀　바다에 사는 도마뱀 가운데 유일한 것은 갈라파고스 섬에 사는 바다 이구아나이다. 용암바위가 있는 해변에 떼를 지어 살고 있는 용같이 생긴 도마뱀은 꼬리가 노처럼 생겨 헤엄치기에 알맞다. 사진 자크 쿠스토.

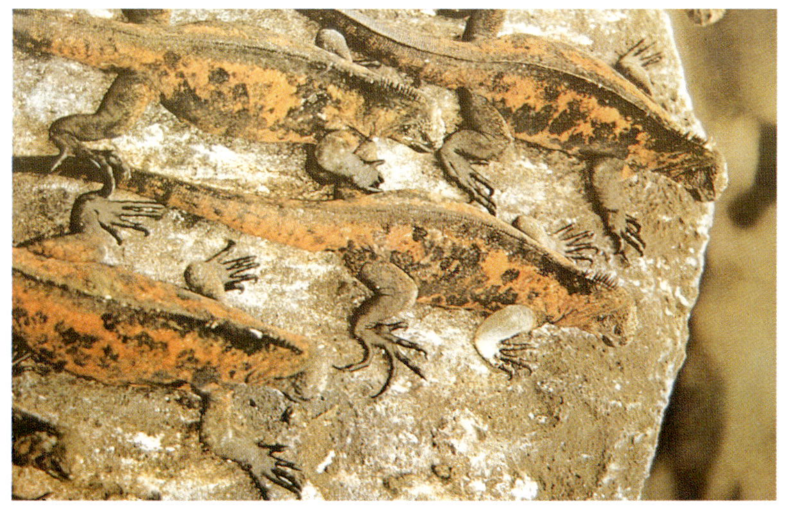

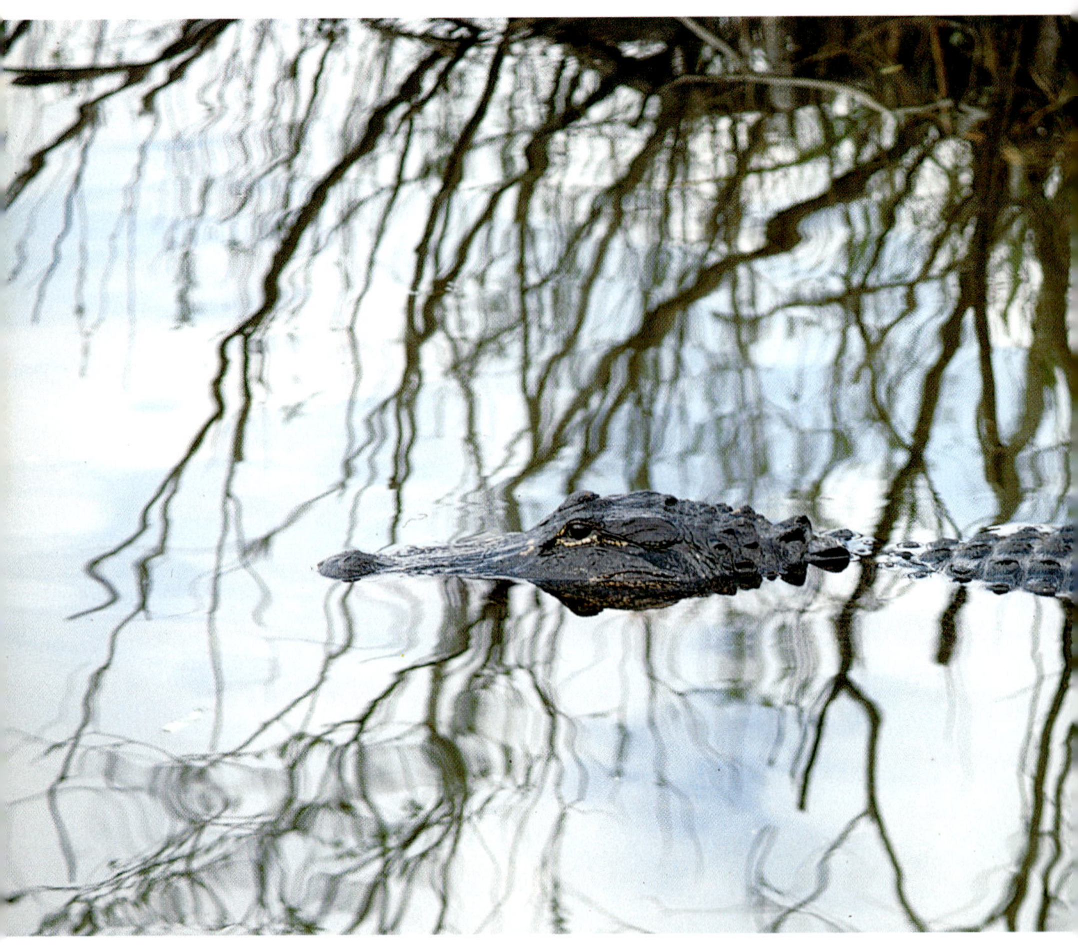

　이구아나는 용암바위가 있는 해변에 떼를 지어 살고 있다. 이 용같이 생긴 도마뱀은 꼬리가 노처럼 생겨 헤엄치기에 알맞다. 이구아나는 다리를 몸에 붙이고 몸통과 꼬리만을 꿈틀거려 헤엄을 치므로 뱀장어가 헤엄치는 모습과 비슷하다.

　이구아나는 다른 파충류와 마찬가지로 변온 동물이므로 물 속에 들어가면 체온을 빼앗기게 된다. 따라서 물에 들어가기 전에 일광욕을 하

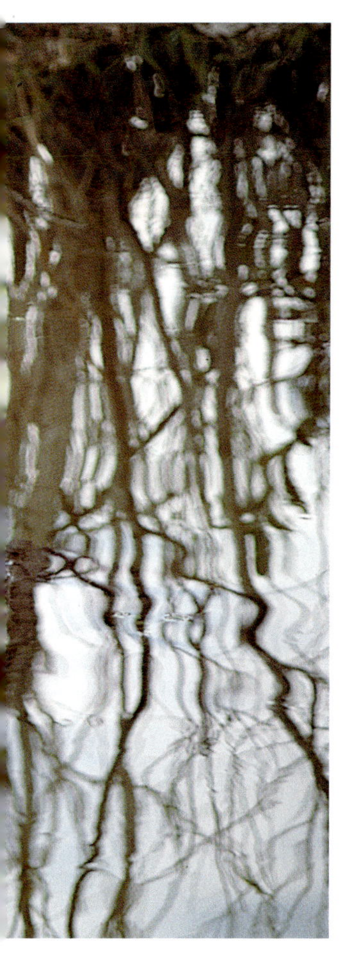

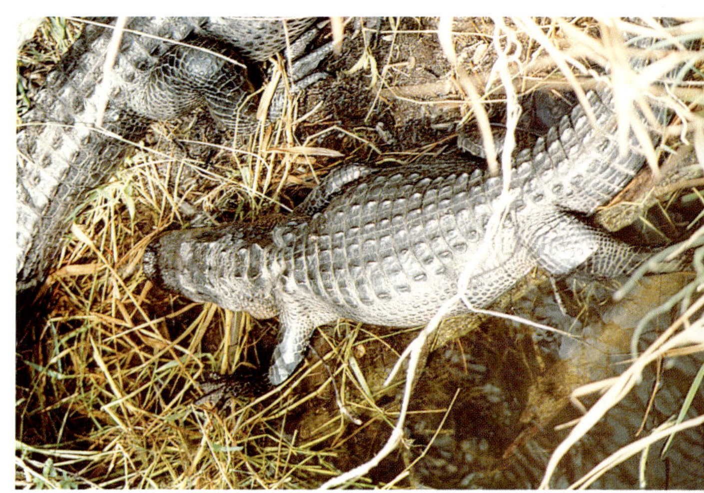

바다악어 몸의 대부분을 물밑에 숨긴 채 눈과 콧구멍만 물 밖에 내놓고 먹이에 접근해 한입에 해치워 버리는 무시무시한 포식자이다. 동남아시아나 호주의 북부 연안에 흔하고 보통 6, 7미터가 되며 큰 것은 10미터나 된다. 미국 플로리다 에버글레이즈 국립공원. (위, 왼쪽)

여 몸을 덥게 한 뒤에 들어가며 물 속에서 나온 다음에도 따뜻한 바위에서 몸을 데운다. 이구아나는 대부분 해변에서 시간을 보내고 먹이를 먹을 때만 잠깐 물 속에 들어간다. 생긴 것은 아주 무시무시하나 물 속이나 바위에 붙어 있는 해조를 먹고 사는 아주 순한 초식 동물이다.

    바다악어 악어는 대부분 강이나 늪지에 살지만 강 하구나 바닷가의 홍수림에 사는 것도 있다. 미국 플로리다의 에버글레이즈 국립공원이나 중앙아메리카, 아프리카, 동남아시아와 호주의 북부에서 악어를 볼 수 있다. 악어는 몸의 대부분을 물밑에 숨긴 채 눈과 콧구멍만 물 밖에 내놓고 먹이에 접근해 한입에 해치워 버리는 무시무시한 포식자이다. 또한 악어는 꼬리 힘이 대단하다.

악어 중에는 모성애가 강한 것이 있다. 거북이 알만 낳아 놓고는 돌보지 않는 반면 악어는 알을 낳아 부엽토로 묻어 놓고는 그 위에서 식음을 전폐하며 알이 부화될 때까지 지킨다. 부엽토에 섞여 있는 낙엽이나 다른 유기물이 썩을 때 열이 나므로 알의 부화에 도움이 된다.

바다악어는 동남아시아나 호주의 북부 연안에 흔하고 보통 6, 7미터가 되며 큰 것은 10미터나 된다. 바다악어도 사나워서 조심해야 하는 동물이다. 대부분 악어는 몇 년 성장하면 어른이 되지만 바다악어는 10년은 자라야 성숙해진다.

해양 조류 – 바다와 하늘이 생활 터전

지구에 있는 약 9,000종 이상의 조류(鳥類) 가운데 500여 종은 바다와 연관을 맺고 살아간다. 그러나 이들의 주된 활동 무대는 육지이며 먹이를 잡을 때만 물 속에 들어간다.

대부분의 바다새들은 물갈퀴를 가지고 있어 물 속에서 헤엄치기에 알맞게 되어 있으며 미끈거리는 물고기를 잘 잡아먹을 수 있도록 부리가 발달하였다. 또 물에 잘 뜰 수 있도록 뼈가 아주 가벼우며 몸 속에 많은 공기를 저장할 수 있다. 그러나 잠수할 때는 숨을 내쉬어 공기주머니 안의 공기를 최대한 내보내 부력을 조절한다.

조류들은 몸무게를 줄이기 위한 수단으로 배설물을 몸 안에 오래 가지고 있지 않고 바로 배설한다. 새들은 사람과 마찬가지로 온혈 동물이므로 체온을 유지하여야 한다. 따라서 찬물에 들어가 있더라도 체온을 빼앗기지 않도록 피부 밑의 지방층이 두껍게 발달하였으며 깃털에 공기층을 형성하여 단열 효과를 높이기도 한다.

대부분 새들의 체온은 낮에는 41도 정도이고 밤에는 약 39도로 사람보다 약간 높다. 새를 만질 때 따뜻하게 느껴지는 것도 체온이 우리보다 높기 때문이다.

바다새들은 먹이가 되는 물고기가 많은 곳에 모이기 때문에 어군 탐지기가 없던 시절에는 어부들이 바다새들이 모여 있는 것을 보고 어디에 물고기가 많이 있는지 알았다.

우리가 가장 흔하게 볼 수 있는 바다새는 갈매기이고 이 밖에도 제비갈매기, 가마우지, 펠리컨, 군함새, 펭귄, 신천옹(albatross) 등이 있다.

갈매기 갈매기는 대표적인 바다새로 바다 뿐만 아니라 강 주변에서도 흔히 볼 수 있다. 갈매기는 약 40여 종이 있는 것으로 알려져 있다. 미국 플로리다 키웨스트.

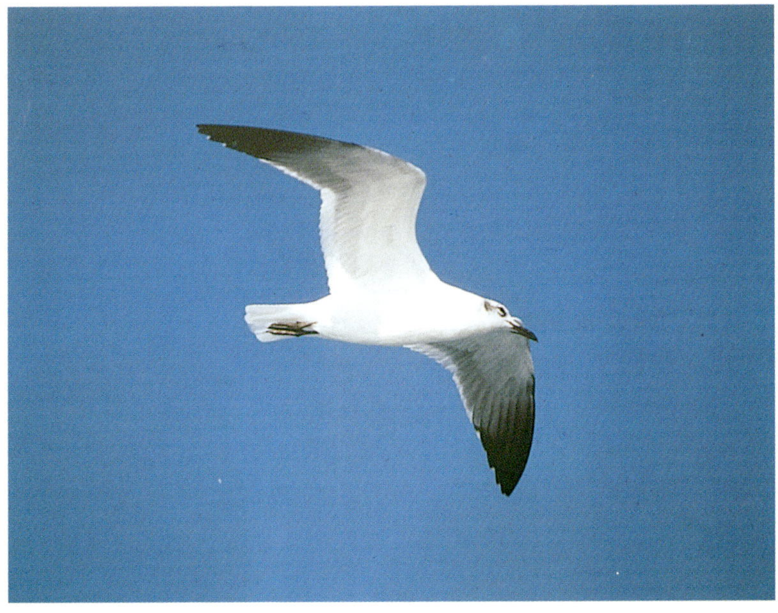

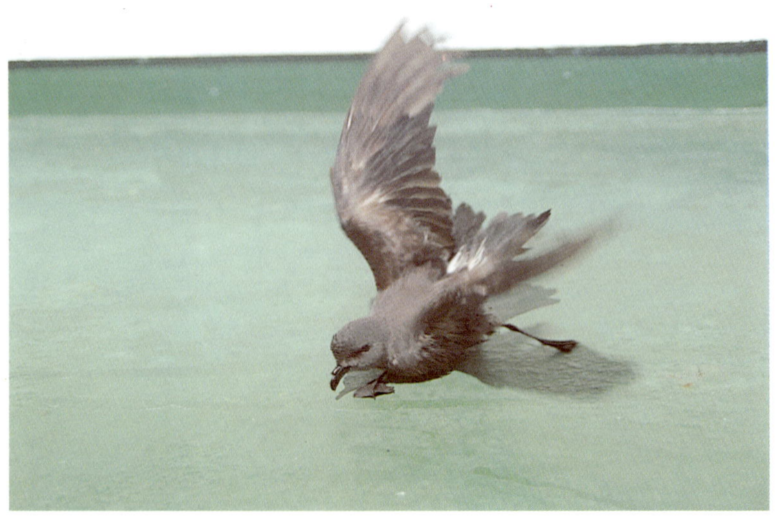

제비갈매기　제비갈매기는 수면 위를 저공 비행하면서 물 속에 있는 작은 물고기를 잡
아먹고 산다. 발에는 물갈퀴가 있어 물 속에서도 수영을 잘한다. 태평양.

　　갈매기와 제비갈매기　갈매기는 대표적인 바다새이다. 그러나 이
들은 바다 뿐만 아니라 강 주변에서도 흔히 볼 수 있다. 갈매기는 약
40여 종이 있는 것으로 알려져 있다. 갈매기는 바다에서 물고기를 잡아
먹을 뿐만 아니라 먹이가 될 만한 것이면 거의 모든 것을 먹는다. 어선
을 따라오면서 어부들이 버린 물고기 찌꺼기를 먹기도 하고 여객선의
뒤를 쫓아오면서 사람들이 던져 주는 과자를 먹기도 한다. 바다에 인접
한 대도시에서는 슈퍼마켓 주차장의 쓰레기통 주변을 어슬렁거리며 먹
이를 찾고 있는 갈매기도 쉽게 볼 수 있다.
　　갈매기가 조개나 게처럼 단단한 껍질을 가진 먹이를 부리로 깨서 먹
기는 여간 힘든 일이 아니다. 그래서 조개나 게를 부리에 물고 공중 높
이 날아올라 바위나 아스팔트같이 단단한 곳으로 떨어뜨려 껍질을 깨

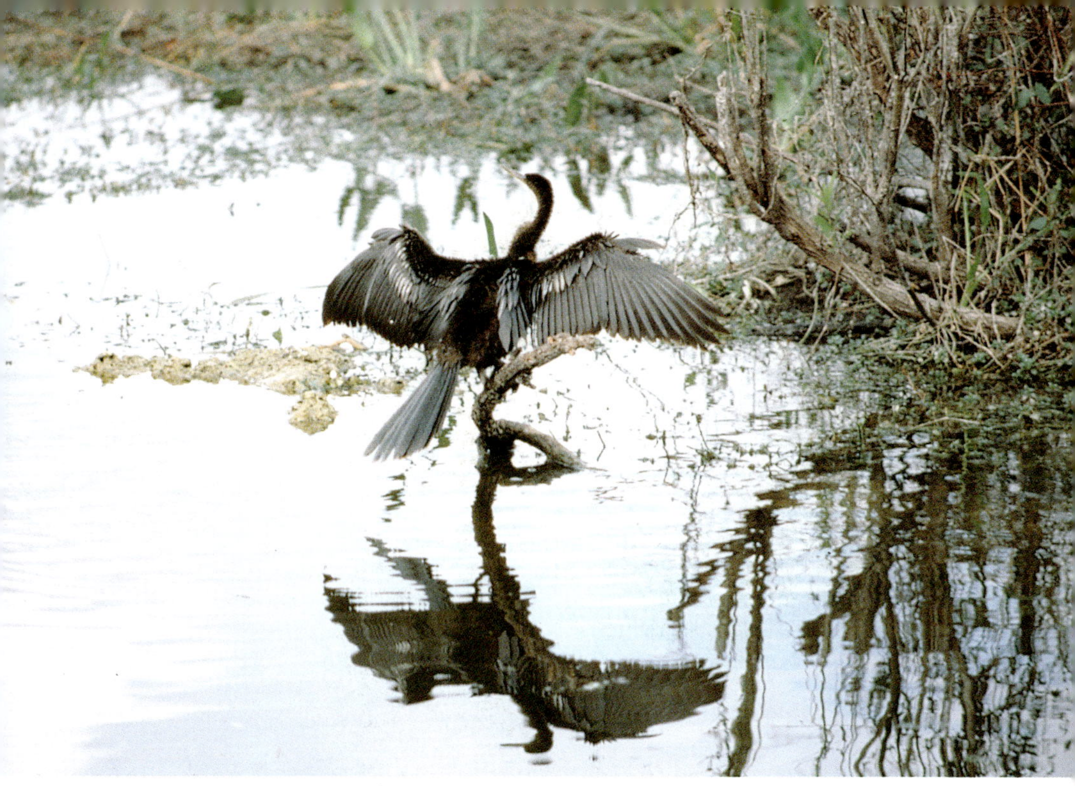

뱀가마우지 이 새는 날카로운 부리로 물고기를 찔러 잡은 뒤 공중으로 높이 던져 올렸다가 떨어지는 것을 잡아먹는다. 물 속에 들어갔다 나와서는 날개를 펴서 말리는 습성이 있다. 미국 플로리다 에버글레이즈 국립공원.

먹는다. 이런 점에서 갈매기는 뉴턴(Newton)에게 뒤지지 않는 물리학적 센스를 가졌다.

갈매기는 바닷가 모래 언덕의 풀 사이에 둥지를 틀고 번식을 한다. 산란기가 되면 바닷가 모래 언덕 곳곳에 알을 품고 있는 갈매기 부부들로 장관을 이룬다. 우리나라에서는 연안의 섬에 집단 서식하고 있는 괭이갈매기를 흔히 볼 수 있다.

제비갈매기는 마치 제비처럼 날렵한 모양을 하고 있다. 제비갈매기에 속하는 몇몇 종은 마치 제비 꼬리처럼 꼬리 부분이 갈라져 있다. 날개의 끝 부분은 뾰족하며 부리 역시 아주 날카롭게 생겼다.

제비갈매기의 눈에는 카메라에 사용되는 편광 필터 같은 것이 있어 물위에서도 헤엄치는 물고기를 똑똑히 볼 수 있다. 사진 찍을 때 편광 필터를 사용하면 햇빛이 물의 표면에서 반사되어 반짝거리는 것을 막아 선명한 사진을 얻을 수 있는 것과 같은 원리이다. 공중에서 날개를 퍼덕이며 머물고 있던 제비갈매기는 물고기를 발견하면 쏜살같이 물 속으로 들어가 먹이를 잡는다. 갈매기와 달리 제비갈매기는 물위로 내려와 앉지 않는다.

가마우지 가마우지는 바다 표면을 날아다니며 먹이가 되는 물고기 떼가 있는 곳을 찾아다닌다. 그러다가 물고기 떼를 발견하면 표면에 내려앉아 잠수하여 먹이 잡을 준비를 한다. 가마우지의 긴 목은 해초 사이나 바위틈에 숨어 있는 먹이를 잡기에 알맞다. 이 새들은 활발히 활동을 하므로 많이 먹어야 하며 보통 하루에 작은 물고기를 수백 마리씩 먹는다.

한때 일본에서는 어부들이 이 새를 이용하여 물고기를 잡았다. 어부들은 가마우지의 긴 목에다 고리를 채우고 줄에 묶어 물 속에 잠수시킨다. 가마우지는 목이 졸린 상태에서 물고기를 삼킬 수가 없기 때문에 입에 물고 물 밖으로 끌려 나오게 된다. 그러면 어부들이 이 물고기를 빼앗는 것이다. 이런 비인도적인 낚시법은 현재는 관광객을 위해서만 재연되고 있다.

플로리다의 에버글레이즈 국립공원에서 흔히 볼 수 있는 뱀가마우지(anhinga)는 물고기를 잡는 방법이 특이하다. 이 새는 날카로운 부리로 물고기를 찔러 잡은 뒤 공중으로 높이 던져 올렸다가 떨어지는 것을 잡아먹는다. 아마도 반항하지 못하도록 기절을 시키는 것 같다. 가마우지들은 기름샘이 없어 물 속에 들어갔다 나오면 깃털이 물에 젖는다. 그래서 잠수를 한 뒤에는 나뭇가지에 앉아 날개를 펴고 햇볕에 말리는 진풍경을 연출한다. 페루에서는 이 가마우지 떼가 물고기를 잡아먹고 배설한 똥이 쌓여 만들어진 구아노(guano)를 비료로 수출하고 있다.

  펠리컨 펠리컨은 부리 아래쪽에 커다란 주머니가 달린 아주 우스운 모양을 하고 있다. 이 새는 바로 이 주머니를 사용해 물고기를 잡는다. 물고기가 많은 곳을 찾으면 펠리컨은 큰 부리를 벌리고 물 속으로 뛰어 들어가 잠시 뒤 주머니에 물과 물고기를 가득 채워 물 밖으로 올라온다. 그런 뒤 머리를 목 있는 쪽으로 눌러 주머니 속에 든 물을 밖으로 내보내고 물고기만 걸러서 먹는다.

  갈색펠리컨은 혼자 있을 때도 있지만 대부분 번식할 때나 먹이를 잡을 때는 여러 마리가 떼를 지어 다닌다. 펠리컨이 물고기를 잡으면 군함새들이 달려들어 펠리컨을 놀라게 하고 이때 떨어뜨린 먹이를 가로채 가기도 한다. 그래서 하와이에서는 이 새를 도둑이라는 의미의 이와

펠리컨 펠리컨은 큰 부리를 벌리고 물 속으로 뛰어들어가 잠시 뒤 주머니에 물과 물고기를 가득 채워 물 밖으로 올라온다. 그런 뒤 머리를 목 있는 쪽으로 눌러 주머니 속에 든 물을 밖으로 내보내고 물고기만 걸러서 먹는다. 미국 플로리다 비스케인 국립공원.

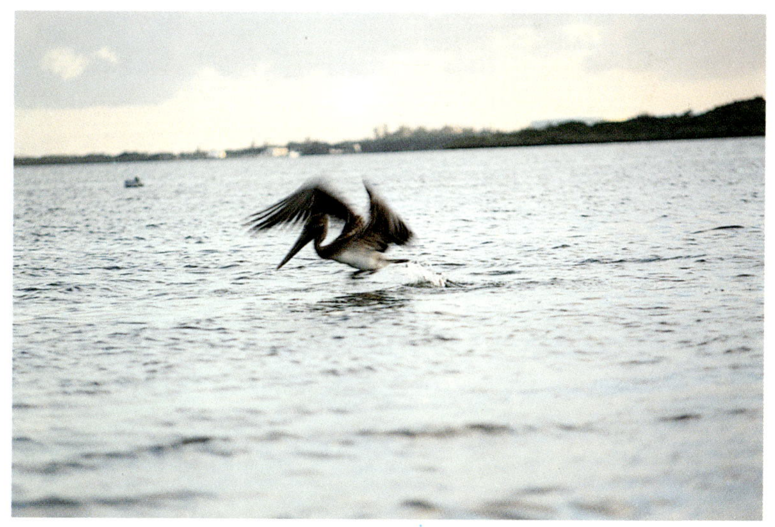

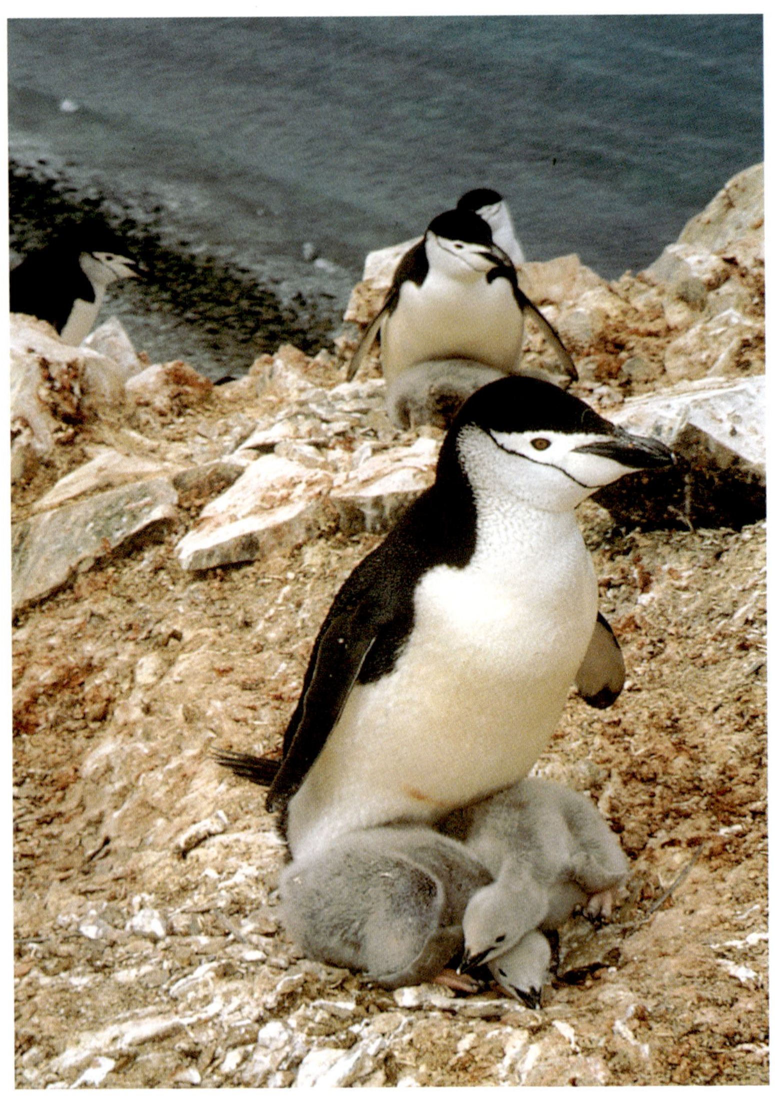

췬스트랩펭귄 펭귄은 암컷이 알을 낳고 바다에 나가 먹이를 먹는 동안 수컷이 알을 두 발 사이에 놓고 따뜻하게 품는다. 수컷은 알이 부화될 때까지 60여 일 동안 식음을 전 폐하고 이 알을 보호한다. 남극 킹조지 섬 세종기지. 사진 장순근.

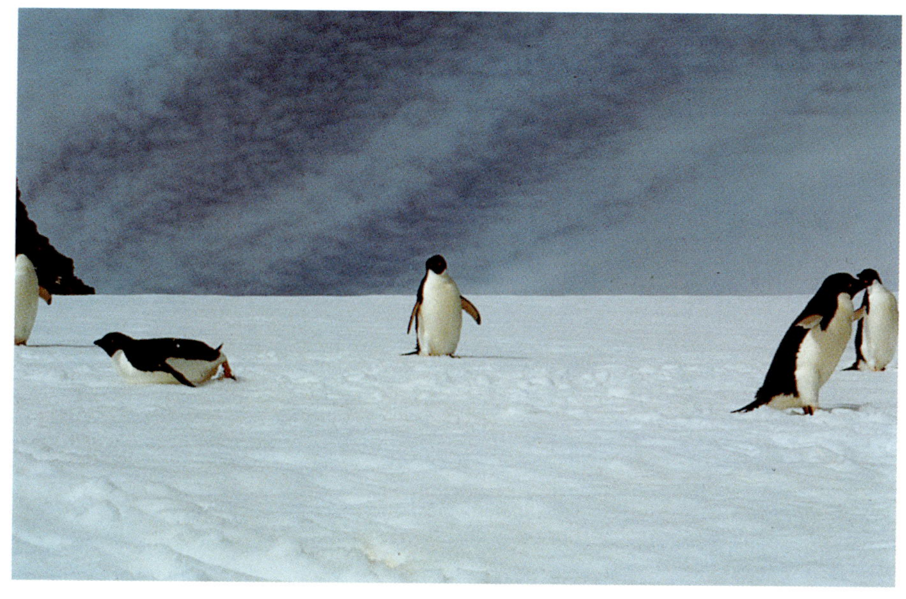

남극의 펭귄 대부분의 펭귄은 아프리카, 남아메리카, 오스트레일리아, 뉴질랜드의 남해안과 남극 대륙 등과 같이 남반구의 추운 곳에 살고 있다. 남극의 빙원은 펭귄들의 좋은 놀이터가 된다. 남극 킹조지 섬 세종기지. 사진 김동엽.

(iwa)라고 부른다. 군함새는 열대 지방의 물가에 널리 서식하나 물과는 거리가 멀다. 수영도, 잠수도 할 줄 모르고 물위에 내려앉지도 않는다. 그러나 나는 재주만큼은 다른 어떤 새들보다 뛰어나다. 물위로 뛰어오르는 물고기를 잡기도 하고 몸을 거의 적시지 않고 물 표면에서 물고기나 오징어를 낚아채기도 한다.

펭귄 연미복을 입은 듯 뒤뚱거리며 걷는 펭귄은 바다새 가운데 가장 인기가 있는 새일 것이다. 펭귄은 다른 새처럼 날지도 못하고 잘 달리지도 못하나 대신 물 속에 들어가면 타의 추종을 불허하는 수영 선수이다. 펭귄의 날개는 노처럼 생겼고 시속 40킬로미터 정도의 속도로 헤엄을 칠 수 있으며 먹이를 찾아 100여 미터까지 잠수를 하고 물위로 2, 3미터나 뛰어오를 수도 있다.

대부분의 펭귄은 아프리카, 남아메리카, 오스트레일리아, 뉴질랜드의 남해안과 남극 대륙 등과 같이 남반구의 추운 곳에 살고 있다. 유일한 예외로 적도 근처의 갈라파고스 군도에 서식하는 펭귄이 있으며 북극권에는 펭귄이 살지 않는다.

펭귄은 모두 17종이 있는 것으로 알려져 있다. 크기가 아주 다양해서 제일 작은 종은 30센티미터 정도이고 가장 큰 황제펭귄은 키가 120센티미터에 몸무게가 45킬로그램 정도 된다. 놀라운 사실은 대부분의 새들이 잠수를 하여 1분 이상 물 속에 있기가 힘든 데 비해 황제펭귄은 최소한 18분 이상 물 속에 머물 수 있다는 것이다. 추위를 가장 잘 참을 수 있는 새도 황제펭귄으로 영하 62도에서도 견딜 수 있다.

남극에 사는 펭귄들은 찬물 속에 들어가 물고기, 오징어, 크릴 등을 잡아먹는다. 대신 이 펭귄들은 물개와 범고래의 먹이가 된다. 펭귄은 암컷이 알을 낳고 바다에 나가 먹이를 먹는 동안 수컷이 알을 두 발 사이에 놓고 따뜻하게 품는다. 수컷은 알이 부화될 때까지 60여 일 동안 식음을 전폐하고 알을 보호한다.

그 동안 먹이를 실컷 먹은 암컷 펭귄은 수컷에게 돌아와 부화한 새끼들에게 반쯤 소화된 먹이를 게워서 먹인다. 이러는 과정에서 수컷은 몸무게가 많이 줄게 되어 암컷과 교대하고 바다로 나가 먹이를 먹고 돌아와 새끼들에게 먹이를 먹인다.

도요새와 신천옹 도요새는 바닷가의 백사장을 빠른 걸음으로 누비며 모래 속이나 파도에 밀려온 작은 먹이를 잡아먹고 산다. 이들이 밀려오는 파도를 재빠르게 피하며 먹이를 잡는 모습은 한가로운 백사장과 유난히 대조가 된다. 도요새는 우리나라의 동해안에서도 흔히 볼 수 있다.

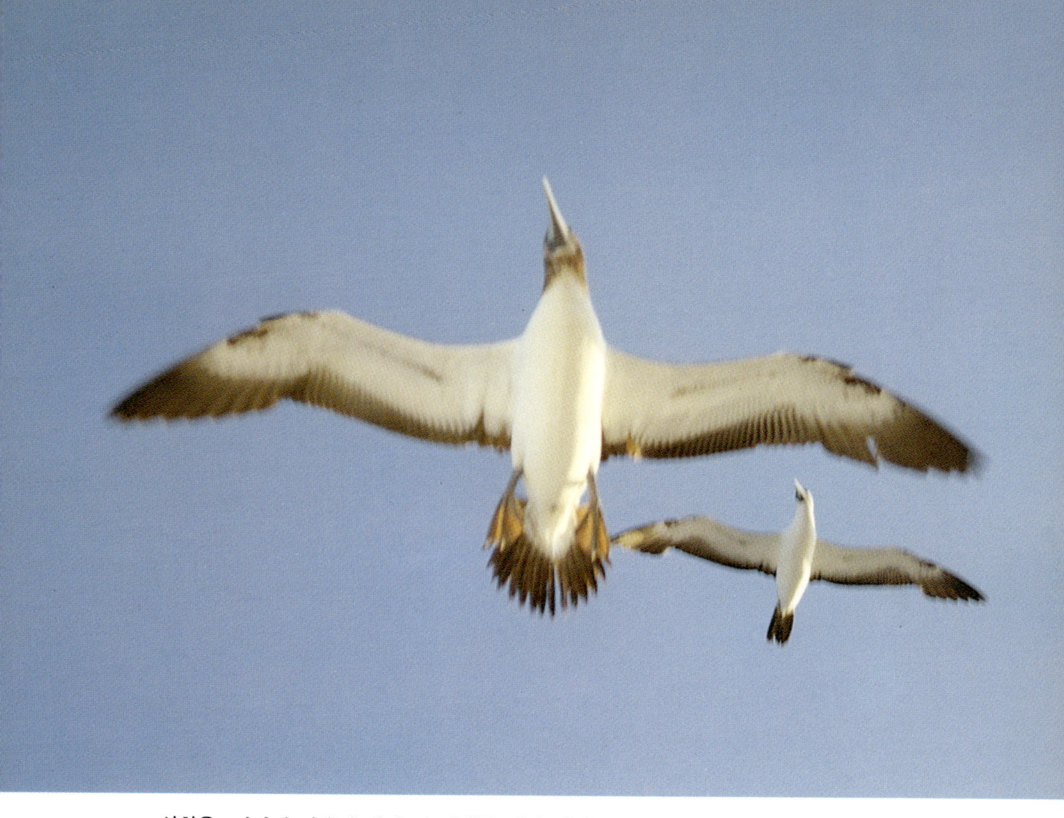

신천옹 바다새 가운데 가장 커 날개를 펴면 길이는 3.5미터나 되나 몸무게는 겨우 9킬로그램 정도밖에 안 된다. 육지에서 떨어진 외양에서도 잘 볼 수 있다. 태평양.

   신천옹은 바다새 가운데 가장 커 날개를 펴면 길이가 약 3.5미터나 된다. 그러나 몸무게는 겨우 9킬로그램 정도밖에 안 된다. 신천옹은 번식기가 되면 남극권 부근의 섬에다 둥지를 틀고 화려한 혼례식을 올린다. 암컷이 커다란 알을 한 개 낳으면 약 두 달 뒤에는 새끼가 부화되는데 7개월 동안 어미가 먹이를 먹여 키운다. 새끼는 어미가 반쯤 소화시킨 큰 물고기를 평균 3 내지 6일마다 한 번씩 먹는다.

   새끼가 다 자라면 어미는 말없이 둥지를 떠나며 며칠 뒤에는 새끼가 바닷가 절벽 위에서 푸른 창공을 향해 난생 처음 비행을 시도한다. 이제 혼자서도 먹이를 찾아 날아갈 수 있을 만큼 날개에 충분한 힘을 갖

추게 된 것이다. 10년 정도 자라면 성숙해져 어미들이 그랬듯이 짝을 찾고 종족을 유지해 간다.

해양 포유류 – 바다로 되돌아간 젖먹이동물

대부분의 포유류는 육지에서 생활하나 고래처럼 육지에서 생활하다가 생명의 고향인 바다로 다시 돌아간 해양 포유류도 있다. 고래 가운데 돌고래처럼 크기가 1, 2미터밖에 안 되는 작은 것도 있지만 대왕고래(흰긴수염고래, blue whale)처럼 길이가 거의 30미터 가까이 되며 몸무게도 100톤이 훨씬 넘어 약 1,500명의 사람이나 25마리의 코끼리 몸무게와 맞먹는 거구도 있다. 지구상에 현존하는 가장 큰 동물이 바로 이 대왕고래이다.

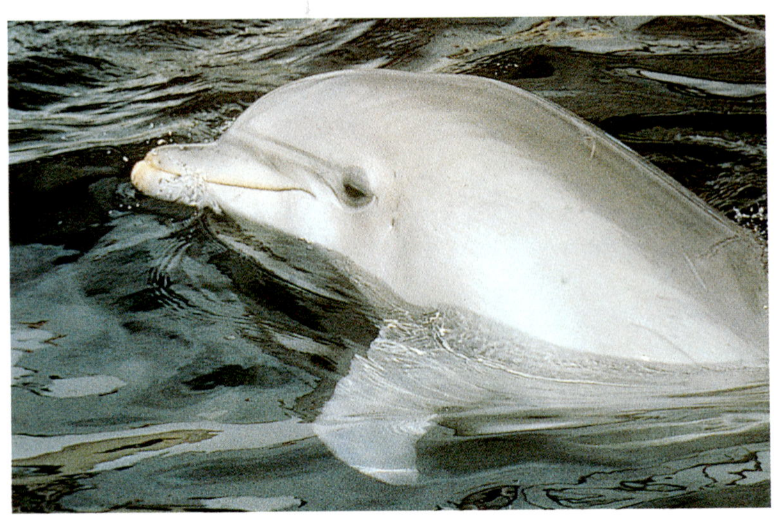

돌고래 돌고래들은 청어나 정어리와 같은 물고기를 잡아먹고 산다. 길이는 2미터 정도로 수컷이 암컷보다 조금 더 크며 태어나서 3, 4년 성장하면 어른이 되고 수명은 25 내지 30년 정도 되는 것으로 알려져 있다. 사진 자크 쿠스토.

우리나라 근해에는 대왕고래, 곱사고래, 밍크고래, 바다사자 등이 서식하고 있다고 한다. 그러나 바다사자는 1945년 독도 근처에서 발견된 이래 찾아볼 수 없으며 고래도 보기 힘든 실정이다.

고래 수염을 가지고 있는 수염고래와 이빨이 있는 이빨고래가 있다. 수염고래는 물을 입 안 가득히 삼켰다가 내뿜을 때 입 주변에 있는 빗 같은 수염에 걸린 동물 플랑크톤이나 작은 물고기 떼를 먹는다. 고래 중에는 영리한 방법으로 먹이를 잡는 것이 있다. 곱사고래(혹등고래, humpback whale)는 물방울을 뿜어 대며 나선형으로 헤엄을 치면서 수면으로 올라온다. 그러면 먹이가 되는 동물 플랑크톤들이 놀라서 가운데로 모이게 되고 이때 한꺼번에 많은 먹이를 먹을 수 있다.

수염고래들과는 달리 몸집이 비교적 작은 돌고래(dolphin)나 범고래(솔피, killer whale)는 먹이를 잡을 수 있는 이빨이 잘 발달해 있다. 향고래(sperm whale)는 길이가 18미터나 되고 몸무게가 30톤이 넘는 것도 있어 이빨고래 가운데 가장 큰 고래이다. 이 고래는 길이 10미터나 되는 대형 오징어를 잡아먹은 일이 있다고 한다. 허먼 멜빌(Herman Melville)의 소설 『백경』에 나오는 '모비 딕(Moby Dick)'이 바로 이 고래이다. 원래 이 고래는 등이 검고 배 부분이 회색이나 소설에 나오는 모비 딕은 멜라닌 색소를 만들지 못하는 백변종(白變種, albino)으로 하얀 색이다.

향고래보다 작은 범고래는 물개, 코끼리해표(elephant seal) 심지어는 다른 고래도 잡아먹는 무서운 고래로 알려져 있다. 그러나 범고래는 돌고래처럼 지능이 높아서 수족관에서 사육이 가능하며 물위로 뛰어오르는 등 묘기를 부려 관중들의 인기를 독차지하기도 한다. 영화 「프리윌리(Free Willy)」의 주인공으로 등장한 윌리는 범고래이다.

일각고래(narwhal)는 이빨이 계속 자라 앞으로 길게 뻗어 나와 마치 전설의 동물 유니콘(unicorn)처럼 보인다. 이 고래는 호흡하기 위해 얼

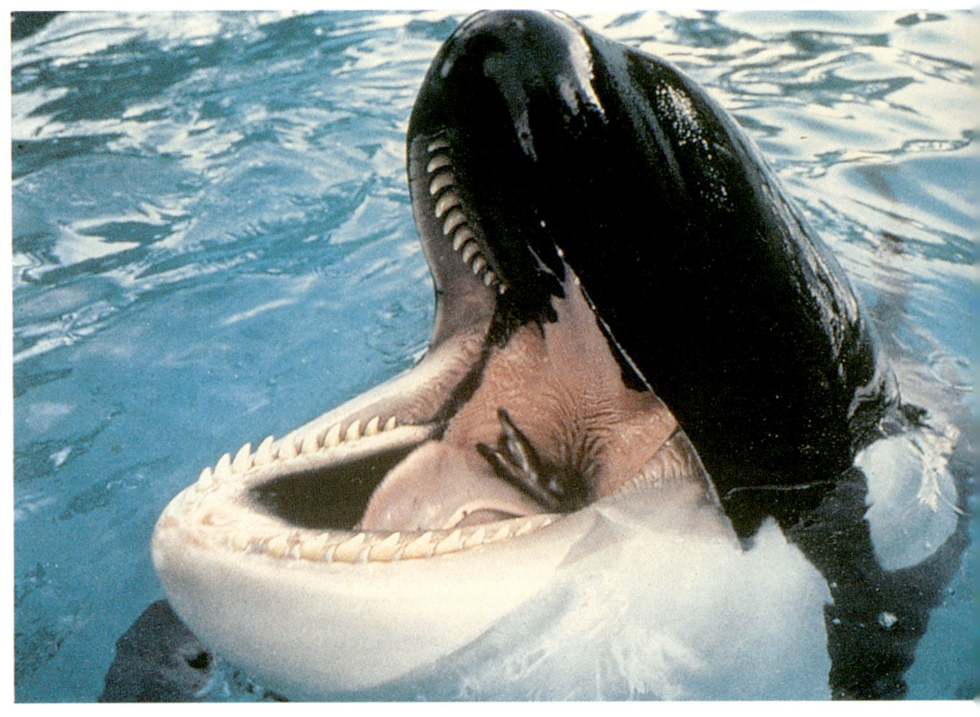

범고래 이빨고래의 일종인 범고래는 물개, 코끼리해표 심지어는 다른 고래도 잡아먹는 무서운 고래로 알려져 있는데 돌고래처럼 지능이 높아서 수족관에서 묘기를 부려 인기를 독차지하기도 한다. 사진 해양연구소.

음을 깨고 물위로 올라올 때와 바닥에 있는 먹이를 찾을 때 또는 상대방과 싸울 때 2미터나 되는 긴 뿔을 사용한다.

돌고래는 지능이 높아 수족관에서 여러 가지 묘기를 부려 인기를 모으는 귀염둥이다. 또 배가 지나가는 것을 발견하면 종종 경주라도 하듯이 떼를 지어 배와 나란히 헤엄쳐 따라오기도 한다. 돌고래는 1시간에 60킬로미터쯤 갈 수 있는 훌륭한 수영 선수이다. 길이는 2미터 정도로 수컷이 암컷보다 조금 더 크며 태어나서 3, 4년 성장하면 어른이 되고 수명은 25 내지 30년 정도 되는 것으로 알려져 있다. 돌고래들은 청어나 정어리와 같은 물고기를 잡아먹고 산다. 돌고래 중에는 갠지스강 돌고래, 아마존강 돌고래, 양자강 돌고래 등과 같이 민물에 사는 것들도 있다. 돌고래는 여러 가지 다른 주파수의 소리를 내서 의사 소통을 한다. 최근 과학자들은 수중 음향기를 이용하여 고래의 소리를 연구하고 이들과 대화를 하고 있다.

고래의 임신 기간은 종류에 따라 다르지만 대개 9개월에서 16개월 정도이며 한 번에 한 마리씩 낳는다. 인간의 아기는 태어날 때 머리부터 나오지만 고래의 새끼는 사람과는 다르게 꼬리부터 나오며 태어나면 6개월에서 1년 반 동안 어미젖을 먹고 성장한 다음 독립 생활을 하게 된다.

새끼 고래의 크기는 종류마다 차이가 있어 곱사고래는 약 4미터, 향고래도 4미터, 범고래는 약 2.5미터, 대왕고래의 새끼는 길이가 7, 8미터나 된다. 새끼 고래의 몸무게도 엄청나 대왕고래의 새끼는 약 3톤이나 된다. 많은 고래들은 여름 동안 추운 극지방에 가서 먹이를 먹고 먼 거리를 회유하여 따뜻한 열대 해역이나 아열대 해역에서 새끼를 낳는다. 고래 젖에는 지방 함량이 25에서 50퍼센트 정도로 높으며(우유는 3 내지 5퍼센트가 지방임) 하루 600리터 정도의 젖이 나온다.

고래의 나이는 어떻게 알 수 있을까. 사육이 가능한 동물의 나이는 비교적 쉽게 알 수 있으나 고래처럼 큰 동물은 수족관에서 기르기가 어려워 나이를 정확히 알기가 쉽지 않다. 그러나 물고기의 경우 비늘이나 이석으로 나이를 알 수 있듯이 고래의 나이를 알 수 있는 방법이 몇 가지 있다.

우선 고래의 수염에 있는 무늬를 이용하는 방법이 있다. 그러나 젖먹이 때는 수염이 없어 수염으로 나이를 알 수가 없고 또 자라면서 수염이 계속 닳아 없어지므로 정확한 나이를 알기에 어려운 점이 있다.

또 다른 방법은 고래의 귀지를 이용하는 것이다. 고래의 귀지는 귀

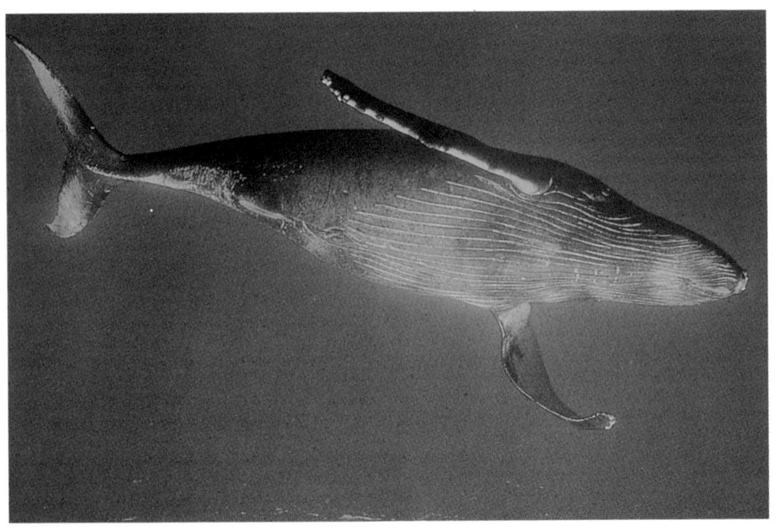

곱사고래 수염고래의 일종으로 배 밑에 줄무늬가 있고 동물 플랑크톤을 몰아가며 잡아먹는 재주를 가졌다. 사진 해양연구소.

내부의 분비물에 의해 만들어지며 이 귀지의 단면을 보면 마치 식물의 나이테와 같은 무늬가 나타난다. 밝은 색의 테는 지방질이 많이 포함되어 있고 여름철에 형성되며 검은 테는 각질이 많이 포함되고 겨울철에 형성된다. 따라서 이 나이테를 보고 고래의 나이를 알 수 있다. 이빨고래는 성장하면서 이빨에 성장층이 형성되므로 쉽게 나이를 알 수 있다.

고래와 어류는 어떤 점이 다를까

오래 전에는 과학자들조차 고래를 어류로 알고 있었던 때가 있었다. 사실 참치와 돌고래는 겉보기에 매우 비슷하게 보인다. 그러나 자세히 살펴보면 포유류인 고래는 어류와 다른 점이 많다.

우선 형태적으로 꼬리 부분이 수직인 물고기와는 달리 수평으로 되어 있다. 물고기는 체온이 외부 온도에 의해 영향을 받는 변온 동물인 반면 고래는 체온을 유지할 수 있는 능력이 있다. 육상 포유류는 몸에 난 털이 보온 효과가 있으나 해양 포유류들은 털이 적거나 거의 없으며 대신 표피 밑에 두꺼운 지방층이 있어 바닷물에 체온이 빼앗기는 것을 방지한다. 물고기는 대부분 알을 낳아 이것이 물 속에서 부화하여 새끼가 된다. 그러나 고래는 새끼를 낳아 젖을 먹여 키운다. 물고기는 물 속에 녹아 있는 산소를 아가미를 통해 호흡하지만 고래는 수면 위로 올라와 허파로 공기 호흡을 한다.

고래는 한 번 호흡하면 오랫동안 잠수할 수 있도록 적응이 되어 있다. 고래의 혈액에는 헤모글로빈이 많이 있어 많은 양의 산소를 운반할 수 있다. 또 근육에는 미오글로빈(myoglobin)이 있어 산소를 저장할 수 있다. 헤모글로빈이나 미오글로빈에는 철분이 많이 들어 있는데 이것이 산소와 결합하면 붉은색을 나타내기 때문에 고래 근육의 색깔은 다른 동물의 근육보다 더 붉게 보인다. 고래 고기에서 약간 비릿한 녹 냄새가 나는 것도 이 철분이 원인이다.

기타 해양 포유류

해양 포유류에는 고래 이외에 물개류, 해달류, 해우류가 있다. 바다사자(sea lion)의 수컷은 마치 사자처럼 목 둘레에 갈기가 있고 암컷에 비해 훨씬 크다. 주로 암초가 많은 곳이나 외딴 섬에 살고 있다. 몸길이는 약 3미터까지 자라고 몸무게는 1,000킬로그램까지 나간다. 임신 기간은 12개월이고 수명은 약 25년으로 알려져 있다. 코끼리해표는 주먹같이 생긴 큰 코를 달고 있다. 특히 번식기가 되면 더욱 부풀어올라 소리를 크게 낼 수 있다.

바다코끼리(walrus)는 코끼리처럼 상아질의 어금니를 가지고 있어 이를 얻으려는 사람들 때문에 많은 해를 입는다. 이들은 모성애가 강해

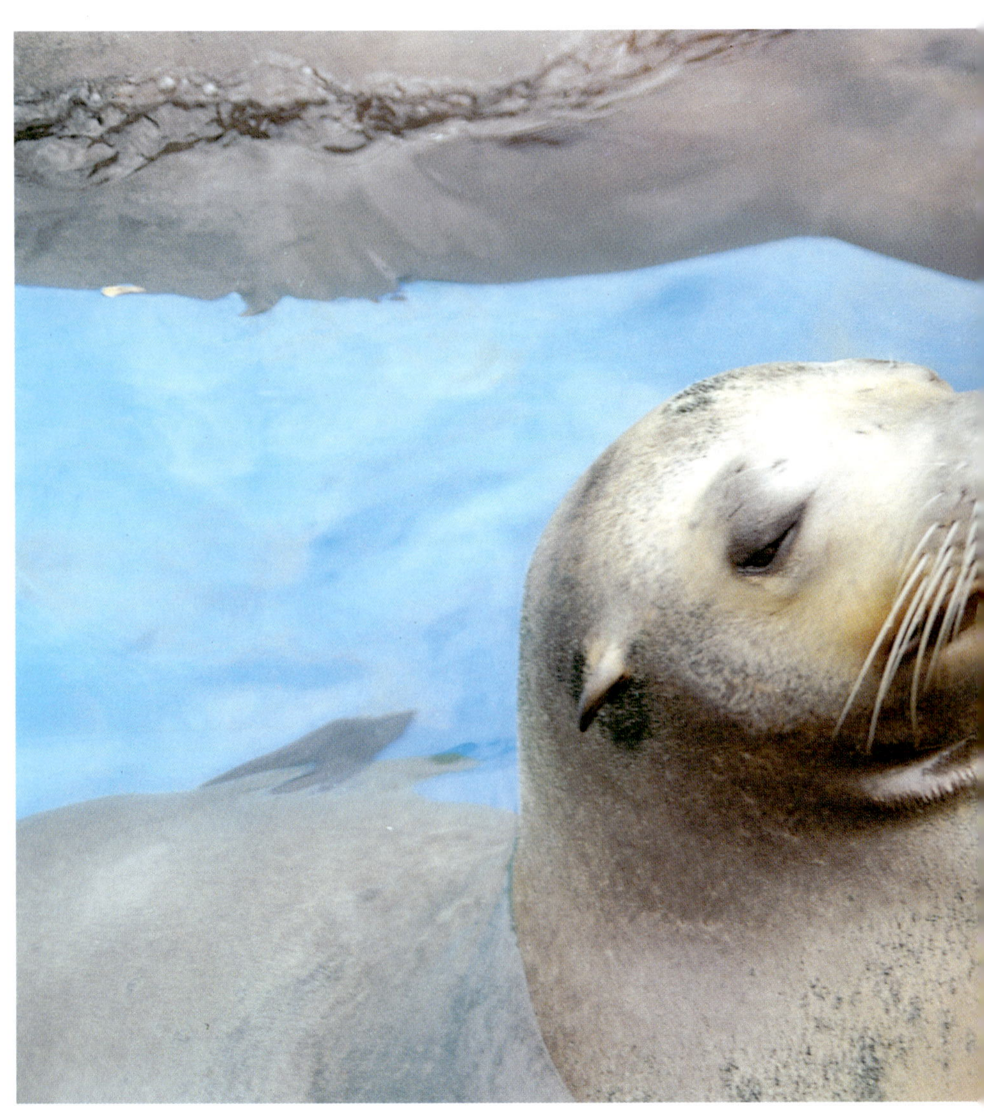

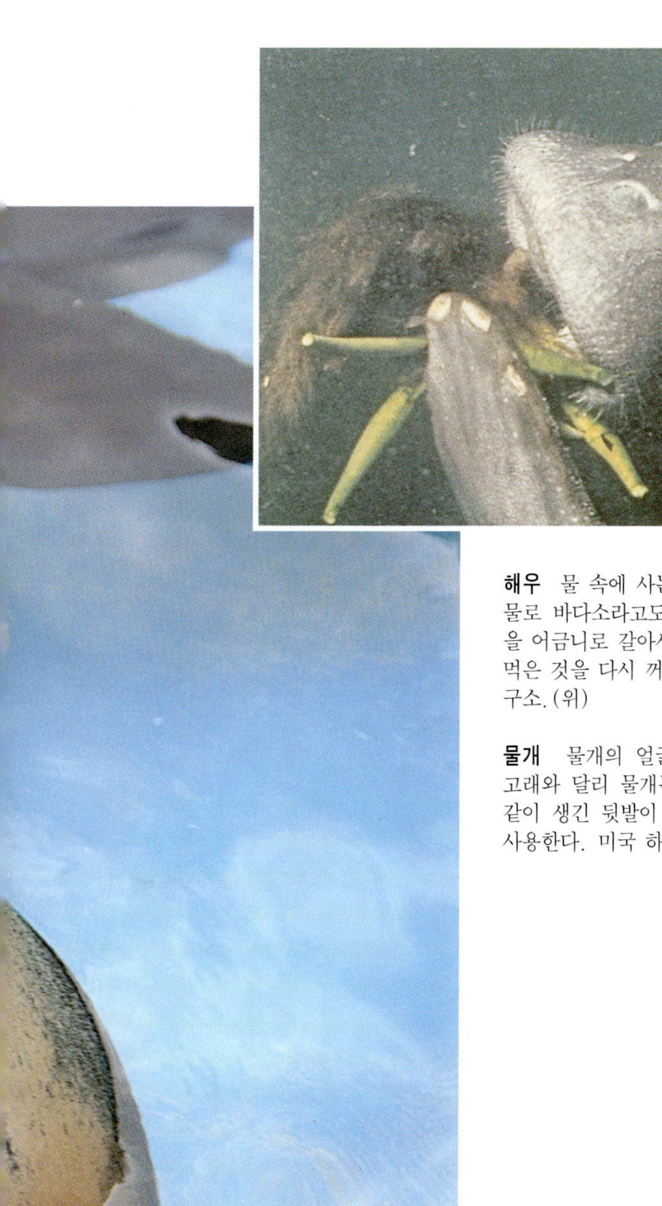

해우 물 속에 사는 식물을 먹고 사는 순한 동물로 바다소라고도 한다. 이들은 소처럼 식물을 어금니로 갈아서 먹고 위도 여러 개가 있어 먹은 것을 다시 꺼내 소화시킨다. 사진 해양연구소. (위)

물개 물개의 얼굴은 개의 얼굴과 비슷하다. 고래와 달리 물개는 육상에서 번식을 하며 노 같이 생긴 뒷발이 있어 헤엄치거나 움직일 때 사용한다. 미국 하와이 오아후 섬. (왼쪽)

새끼 바다코끼리가 위험에 처하면 반드시 어미가 구하러 나타난다. 잔인한 사람들은 이런 성질을 이용해 새끼 바다코끼리를 때려 울게 하고 구하러 달려온 어미를 잡고 있다.

수컷 물개들은 서로 싸움을 하여 승자가 많은 수의 암컷을 거느리고 하렘(harem)을 형성하는 습성이 있다. 패자는 호시탐탐 다른 수컷의 암컷을 넘보기 때문에 암컷을 차지한 수컷은 항상 경계를 게을리 하지 않는다.

해달(바다수달, sea otter)은 가장 최근 바다로 돌아간 포유류로 연장을 사용할 줄 아는 몇 안 되는 동물 가운데 하나이다. 물위에 누워서 잡아온 조개를 배 위에 올려 놓고는 돌로 두들겨 껍질을 깨서 먹는다. 63빌딩 수족관에서도 해달의 귀여운 모습을 볼 수 있다.

해우류에 속하는 매너티(manatee)와 듀공(dugong)은 물 속에 사는 식물을 먹고 사는 순한 동물로 바다소라고도 한다. 이들은 소처럼 식물을 어금니로 갈아서 먹고 위도 여러 개가 있어 먹은 것을 다시 꺼내 소화시킨다.

물개와 달리 해우들은 물 밖에서는 기어다니지 못 하기 때문에 평생 물 속에서 생활한다. 이들은 주로 물이 흐린 강 하구나 만에 살기 때문에 시력은 그다지 좋지 못하고 대신 청력이 발달했다. 듀공은 열대 지방의 강이나 만, 인도양, 태평양과 오스트레일리아 주변의 산호초에 살고 있으며 매너티는 남북아메리카나 아프리카 대서양 연안의 강에 살고 있다.

듀공과 매너티를 구별하는 쉬운 방법은 꼬리의 모양을 보는 것이다. 듀공은 끝이 갈라진 삼각형의 큰 꼬리를 가졌고 매너티는 둥그스름한 꼬리를 가지고 있다.

그리스 신화에는 사이렌(siren)이라는 상체는 여자이고 하체는 새의 다리를 가진 반인 반조(半人半鳥)의 동물이 나온다. 사이렌은 매혹적인 노랫소리로 선원들을 유혹하여 물에 빠져 죽게 만든다. 비록 지금은 사이렌 하면 귀에 거슬리는 경보음이나 경고음으로 통하게 되었지만 사이렌은 선원들이 인어라고 생각해 왔던 매너티와 같은 해우류를 지칭한다.

매너티가 새끼에게 젖을 먹이는 것이 마치 여자처럼 보여서 인어 전설이 생겨났다고 한다. 오랜 항해 동안 거친 바다와 싸운 선원들의 지친 눈에는 매너티가 예쁜 여자로 보였을 것이다. 그러나 매너티의 얼굴을 보고 오똑한 코를 가진 예쁜 인어공주를 연상하는 것은 동화 속의 세계에서나 가능한 일이다. 주름진 피부에 듬성듬성 털이 있고 얼굴의 대부분을 코와 입이 차지하고 있다. 결코 예쁜 얼굴은 아니나 아주 선해 보이는 이 동물이 멸종 위기에 처해 있다는 것은 안타까운 일이다.

해양 생물의 멸종과 보존

멸종되는 해양 생물

지구 역사를 돌이켜 보면 생물의 멸종 기록은 수없이 많다. 지금으로부터 약 7, 8억 년 전 지구상에 동물이 출현한 뒤로 최소한 열두 차례의 멸종 기록이 있으며 이 가운데 다섯 차례는 많은 생물이 한꺼번에 멸종하였다. 해양 생물인 삼엽충·산호·암몬조개·어류 등의 멸종이 두드러졌고 5차 멸종기에는 공룡이 멸종하였다. 고생물의 멸종은 기후 변화와 같은 급격한 자연 환경의 변화가 그 원인이었다.

그러나 최근에는 인간에 의한 오염과 남획으로 멸종되고 있어 큰 문제이다. 지금 이 순간에도 멸종의 길을 가고 있는 해양 생물이 많다. 인간에게 아주 유용한 해양 동물인 고래가 포경선에 의해 마구 잡혀서 이제는 그 수가 급격히 감소하였다. 급기야 1946년 국제포경위원회 (IWC ; International Whaling Commission)가 설립되어 잡을 수 있는 고래의 수와 크기를 규제하고 있으나 이 기구가 강한 구속력을 갖고 있지 않기 때문에 고래의 보호에는 아직 많은 문제점이 있다.

인간에 의해 멸종 위기에 놓인 또 다른 해양 포유류는 해우이다. 해

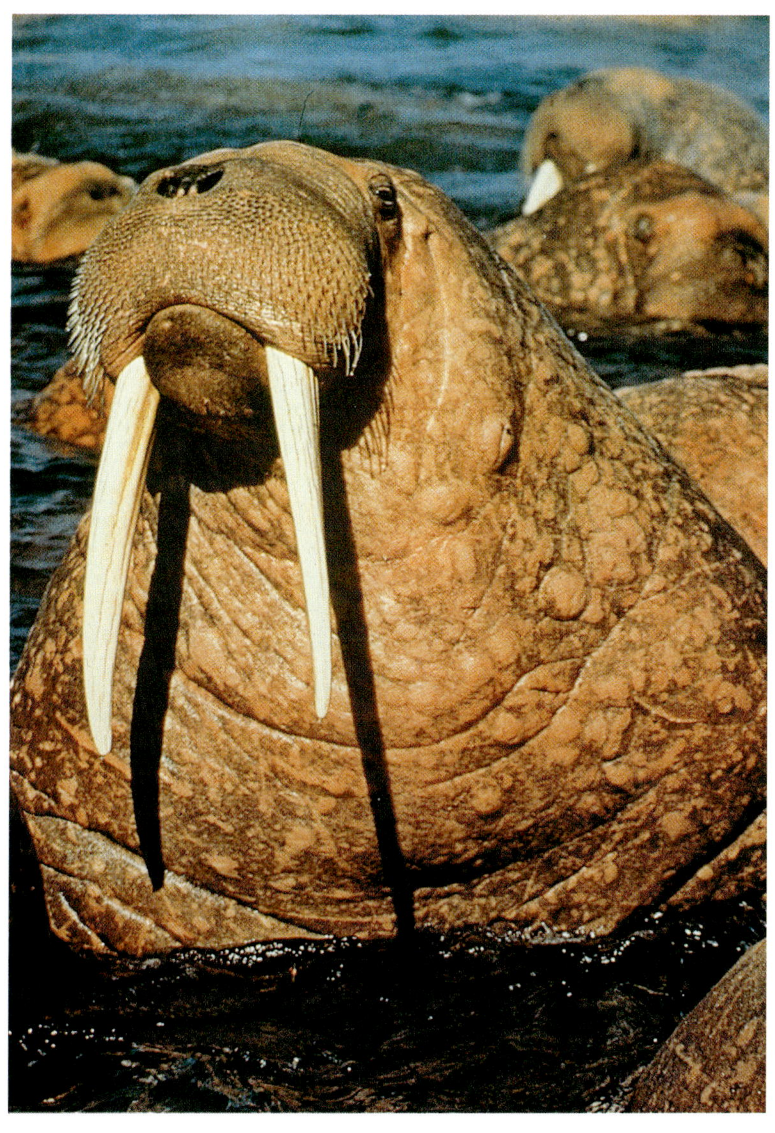

바다코끼리 바다코끼리는 길이가 60센티미터 정도 되는 상아질 어금니 때문에 인간에게 남획당하여 멸종 위기에 있는 해양 포유류이다. 사진 해양연구소.

우 가운데 4종은 멸종 위기에 있으며 스텔라해우는 남획으로 1768년 이미 멸종되었다.

매너티는 염습지나 홍수림 등의 서식지 파괴와 모터 보트에 의한 사고로 멸종 위기에 놓여 있으며 현재 약 1,900마리가 미국에 서식하고 있다. 매너티는 미국 연방법으로 보호를 받고 있으며 플로리다 주는 매너티 보호 지역으로 지정되어 에버글레이즈 국립공원에서는 모터 보트의 프로펠러에 매너티가 다치지 않고 소리에 놀라지 않도록 속도를 제한하는 표지판이 곳곳에 설치되어 있다. 이러한 보호 노력에도 불구하고 매너티의 숫자는 점점 줄어들고 있다.

고래나 해우 이외에도 바다코끼리는 길이가 60센티미터 정도 되는 상아질 어금니 때문에, 코끼리해표는 기름 때문에 인간에게 남획당하여 멸종 위기에 있는 해양 포유류이다.

멸종되어 가는 생물을 보호하기 위해 1973년 미국 워싱톤에서 '멸종 위기에 처한 야생 동식물의 국제 거래에 관한 협약(CITES ; Convention on International Trade in Endangered Species of Wild Fauna and Flora)'이 체결되어 1975년부터 멸종 위기에 있는 육상 동식물은 물론 해양에 살고 있는 포유류, 파충류, 조류, 어류, 연체동물, 산호 등 다양한 생물의 거래를 규제하고 있다. 우리나라도 최근 이 협약에 가입하여 야생 동식물의 보호를 시작하였으나 보신 문화에 젖어 있는 상황에서 제대로 보호가 될 수 있을지 의문이다.

살아 있는 화석

오랜 세월 전에 멸종한 동물들은 화석을 통해 연구할 수 있다. 화석은 아주 오래 전에 살았던 생물들이 죽어 사체나 흔적이 지층에 남아 있는 것이다. 화석으로 나타나는 생물들은 대부분 멸종하여 현재는 찾아볼 수 없다. 그러나 해양 동물 중에는 오래 전에 지구상에 나타나서 현재까지도 모습이 바뀌지 않고 살고 있는 것이 있다. 우리는 이런 동물들을 가리켜 '살아 있는 화석'이라고 한다. 투구게, 개맛(*Lingula*), 바다나리, 실러캔스 등이 여기에 속한다.

투구게는 마치 말발굽처럼 생겼으며 창과 같이 뾰족한 꼬리가 있고 멸종한 삼엽충과 비슷한 모습이다. 게라고는 하지만 실은 게가 아니고 분류학적으로는 오히려 거미나 전갈에 더 가깝다. 투구게는 지구를 지배하던 공룡이 사라진 때보다도 훨씬 전인 3억 년 전에도 지금과 같은 모습으로 살고 있었다. 그 동안 많은 지각 변동이나 기후 변화 같은 천

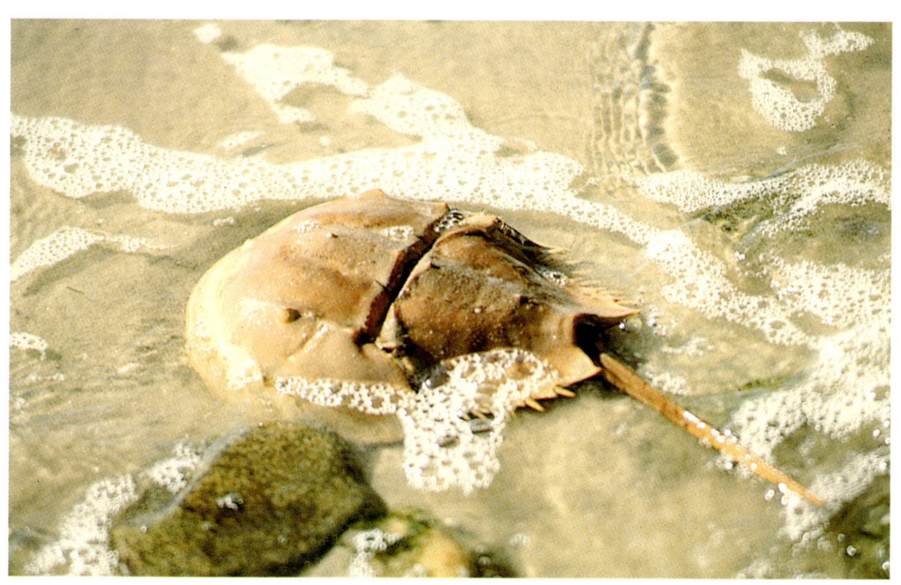

투구게 살아 있는 화석인 투구게는 지금과 같은 모습으로 3억 년 이상을 살아왔다. 마치 말발굽처럼 생겼으며 창과 같이 뾰족한 꼬리가 있고 멸종한 삼엽충과 비슷한 모습이다. 미국 뉴욕 롱아일랜드.

재지변에서도 살아 남아 현존하고 있다. 북아메리카 대륙의 대서양 연안과 동남아시아에서 흔하게 볼 수 있다. 우리나라 제주도에도 있다는 보고가 있으며 제주 민속자연사박물관에 가면 박제한 것을 볼 수 있다.

개맛은 마치 맛조개처럼 생겼으나 조개는 아니며 얕은 바다의 모래 속이나 진흙 속에 구멍을 파고 산다. 약 5억 년 전에도 긴 자루를 흙 속에 묻고 촉수를 이용해 물 속의 먹이를 걸러 먹고 살았다. 우리나라 서해안에서도 쉽게 볼 수 있으며 현재 11종이 알려져 있다.

바다나리는 식물처럼 보이나 긴 자루를 바닥에 붙이고 사는 동물이다. 고생대부터 살기 시작했으나 대부분은 멸종하고 현재 몇몇 종만이 살고 있다.

실러캔스는 중생대의 원시적인 물고기로 멸종된 것으로 알려졌으나 1938년 남아프리카공화국 주변 바다에서 살아 있는 것이 처음으로 잡혔다. 그 뒤에도 꾸준히 잡혀 현재까지 180여 마리가 잡힌 것으로 기록되어 있으며 국내에서도 63빌딩 수족관에 가면 박제한 것을 볼 수 있다.

해양 생물의 보존

해양은 광대하고 그 속에는 풍부한 생물 자원이 있다는 믿음 때문에 그 동안 수산 자원의 보존을 위한 노력이 미흡했던 것이 사실이다. 그러나 수산 자원은 인구 증가에 따른 어획량의 급격한 증가와 남획으로 갈수록 고갈되고 있다. 최근에는 10년마다 어획량이 거의 2배씩 증가하고 있다.

해양 생물 자원은 광물 자원과 달리 재생산이 가능한 자원이므로 우리가 관리만 잘하면 효율적으로 이용할 수 있다. 자원 생물에 대한 연

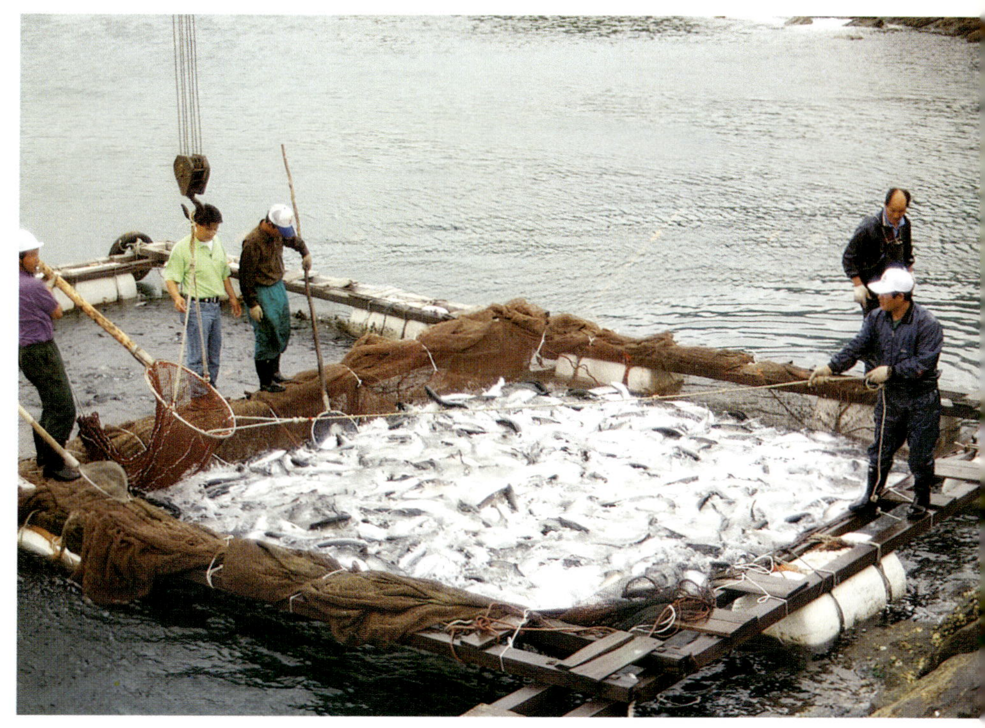

가두리 양식장 해양 생물 자원은 관리만 잘하면 효율적으로 이용할 수 있다. 가두리 양식장은 잡는 어업에서 기르는 어업으로의 전환점이 되었다. 경남 통영.

구를 통해 자원량을 감소시키지 않으면서 잡을 수 있는 최대량(MSY ; Maximum Sustainable Yield)을 설정하여 어획량을 규제하는 것이 필요하다. 또한 어린 자원 생물을 보호하고 산란기에는 어획을 중단하는 것이 장기적인 안목에서 보면 어획량을 증가시킬 수 있는 유일한 방법이다.

인간 활동에 의한 해양 생태계의 파괴와 해양 오염으로 해양 생물들은 점차 살 곳을 빼앗기고 있다. 서·남해에서 이루어지는 간척 사업으로 드넓은 개펄에서 살던 생물들이 보금자리를 잃으면서 점점 사라지고 있다. 도시 하수나 공장 폐수를 비롯한 각종 오·폐수의 해양 유입과 빈번한 해상 사고로 인한 오염 물질의 유출은 생물이 살기에 부적합한 해양 환경으로 바꾸어 놓고 있다.

최근에는 여러 환경 관련 단체에서 환경 보존의 중요성을 홍보하고 환경 개선을 위해 노력을 아끼지 않고 있어 다행스럽다. 1992년 브라질의 리우데자네이루에서 열린 '환경과 개발에 관한 유엔회의(UNCED; United Nations Conference on Environment and Development)' 에서는 환경을 건강하게 유지하면서 지속적인 개발을 해야 한다는 이른바 'ESSD(Environmentally Sound and Sustainable Development) 원칙'이 제시되어 환경을 악화시키는 무절제한 개발은 금지해야 된다는 점이 강조되었다.

인간이 버린 오염 물질은 먹이망을 통한 생물 농축 과정을 거쳐 결국은 부메랑처럼 인간에게 되돌아오게 된다. 생태계는 모든 생물이 건강하게 자기의 맡은바 위치를 지킬 때 비로소 유지되는 것이다. 생물의 멸종은 곧 인간의 생존에도 적신호가 올 것이라는 것을 암시하는 것이므로 공생(共生)의 지혜가 필요하다. 해양은 인류의 마지막 보고(寶庫)이므로 해양 환경과 해양 생물의 보존을 위한 노력을 게을리 하지 말아야 할 것이다.

맺음말

인간은 문명의 여명기부터 어업 활동을 통해 해양 생물을 식량 자원으로 이용하여 왔다. 우리의 식탁을 둘러보면 수산물이 차지하는 비중이 얼마나 되는지 실감할 수 있다.

식용으로 이용되는 중요한 해양 생물로는 김·미역·다시마와 같은 해조류, 게·바닷가재·새우와 같은 갑각류, 굴·홍합·오징어·문어 같은 연체동물, 해삼·성게 같은 극피동물, 우렁쉥이와 같은 피낭류, 수많은 어류, 고래와 같은 포유류 등이 있다. 해양 생물 자원은 중요한 단백질원일 뿐만 아니라 건강 식품으로도 각광 받고 있다.

이처럼 수산물에 대한 수요가 늘어나면서 어업은 보다 기계화, 대규모화되었고 유전 공학적인 기술이나 해양 목장화 기술 등을 이용하여 인위적으로 생산력을 높이기 위한 노력이 진행되고 있다.

해양 생물은 식용 이외에 산업적인 이용 가치도 크다. 해조류에서는 아가(agar), 카라지난(carrageenan), 알긴산(alginic acid)과 같은 물질을 추출하여 식품, 화장품, 약품을 만들 때 사용한다. 해면, 해파리, 말미잘, 불가사리와 같은 해양 무척추동물에서는 생리 활성 물질을 추출하여 소염제나 항암제 등과 같은 의약품을 만들려는 연구를 하고 있으며,

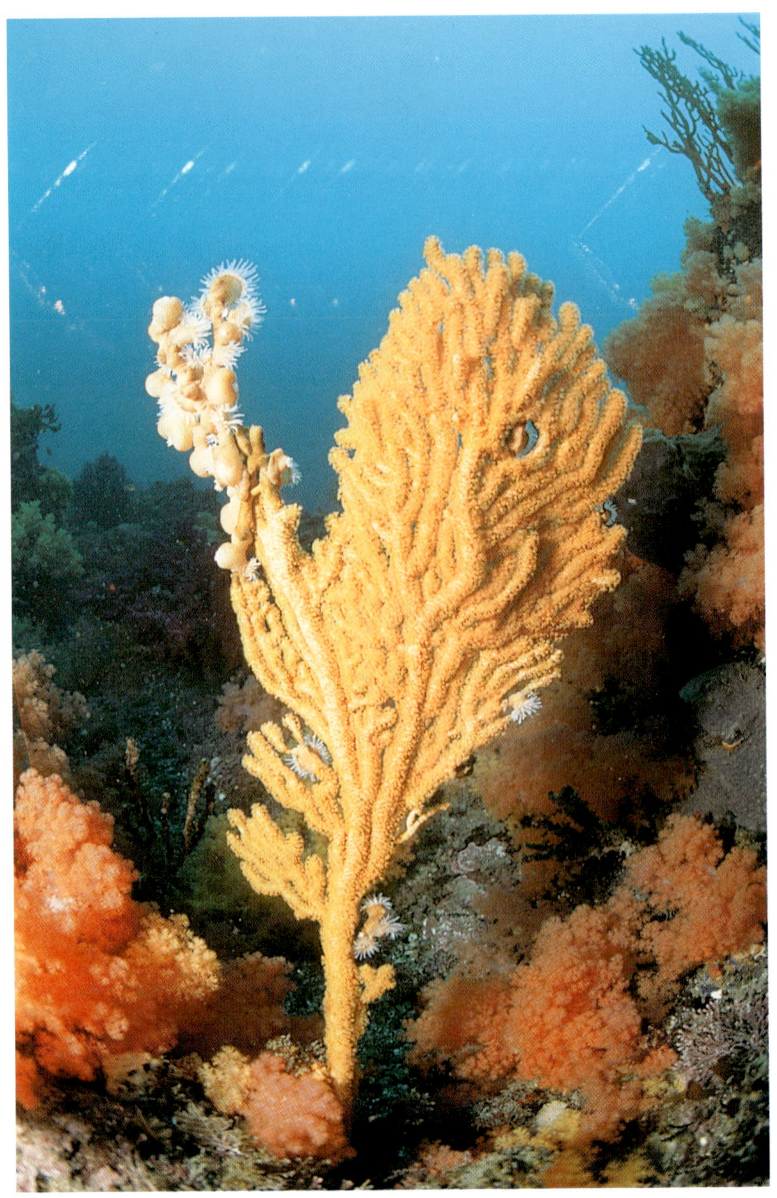

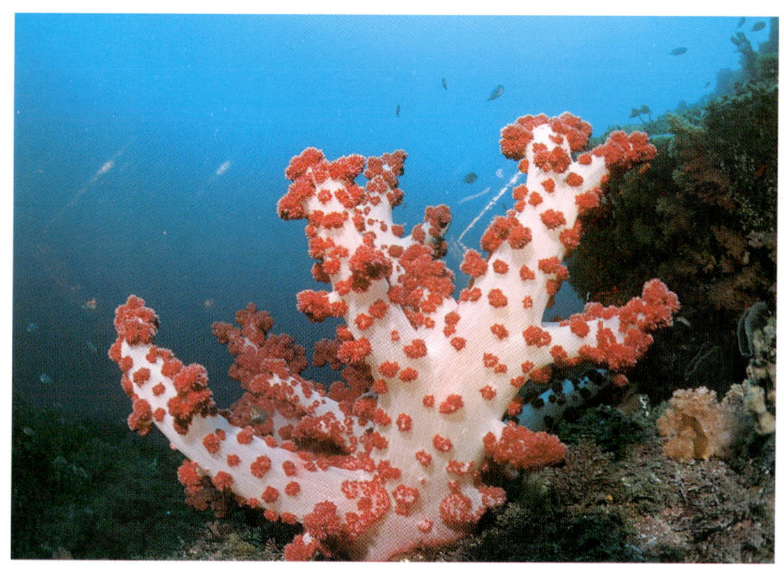

아름다운 산호류 해양 생물은 훌륭한 관광 자원도 될 수 있다. 스쿠버 다이빙이나 스노클링을 하는 사람들에게 해양 생물은 좋은 볼 거리가 된다. 뿔산호류(옆면), 바다맨드라미류(위). 사진 김병일.

요즘 인기가 높은 불포화 지방산(DHA ; Docosa Hexaenoic Acid)도 해양 생물에서 추출하여 식품에 이용하고 있다.

또한 해양 생물은 훌륭한 관광 자원도 될 수 있다. 스쿠버 다이빙이나 스노클링을 하는 사람들에게 해양 생물은 좋은 볼 거리가 된다. 제주도 인근 해역은 아열대 해역에서 볼 수 있는 아름다운 해양 생물이 많아 스쿠버 다이빙의 적지이다. 이러한 해양 생물의 신비함은 해양 수족관에서도 맛볼 수 있다.

21세기 해양부국(海洋富國)을 지향하는 지금 우리와 이렇게 밀접하게 연관을 맺고 있는 해양 생물에 대한 관심이 필요하리라 생각한다.

바다 깊이에 따른 해양 생물 분포도

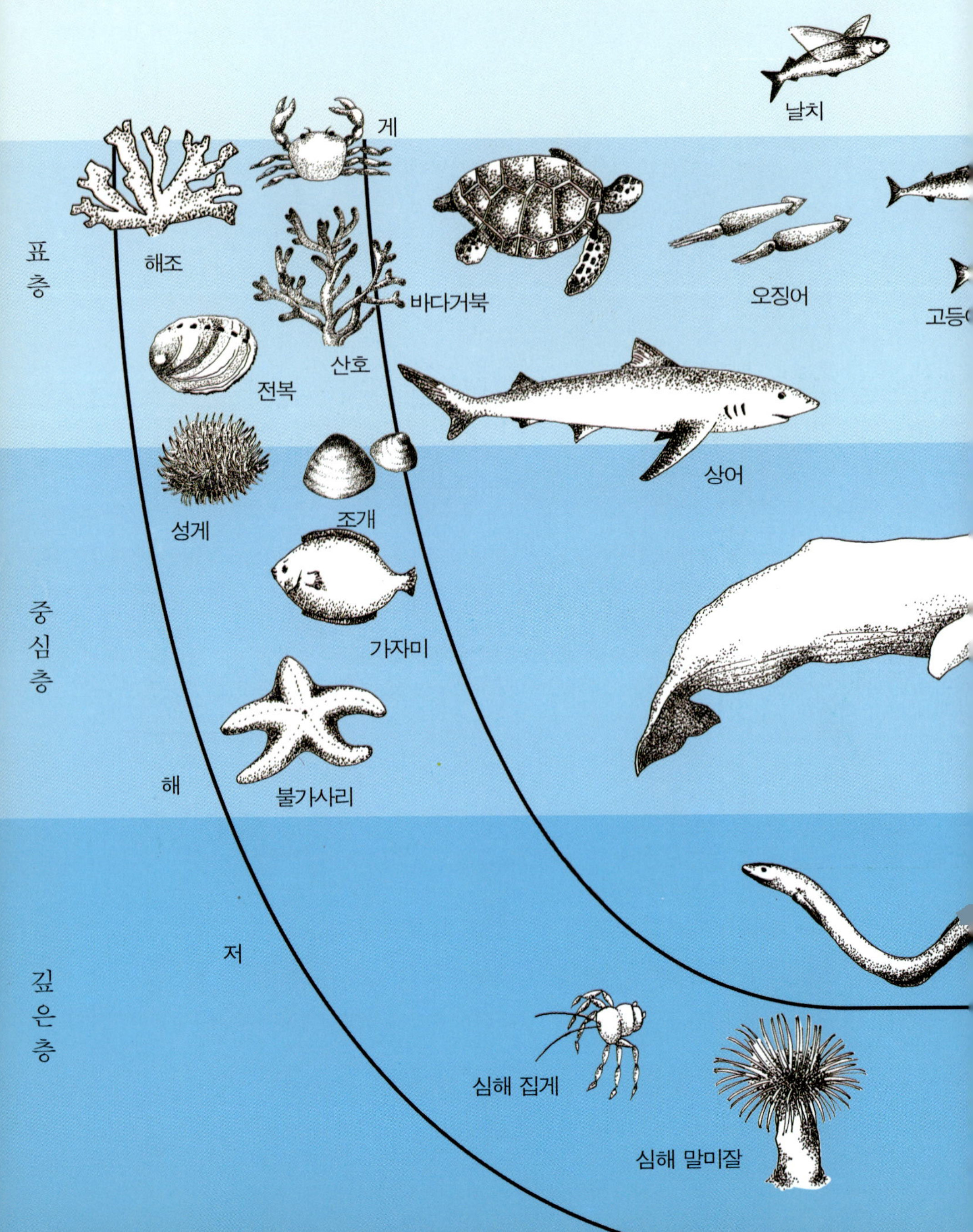

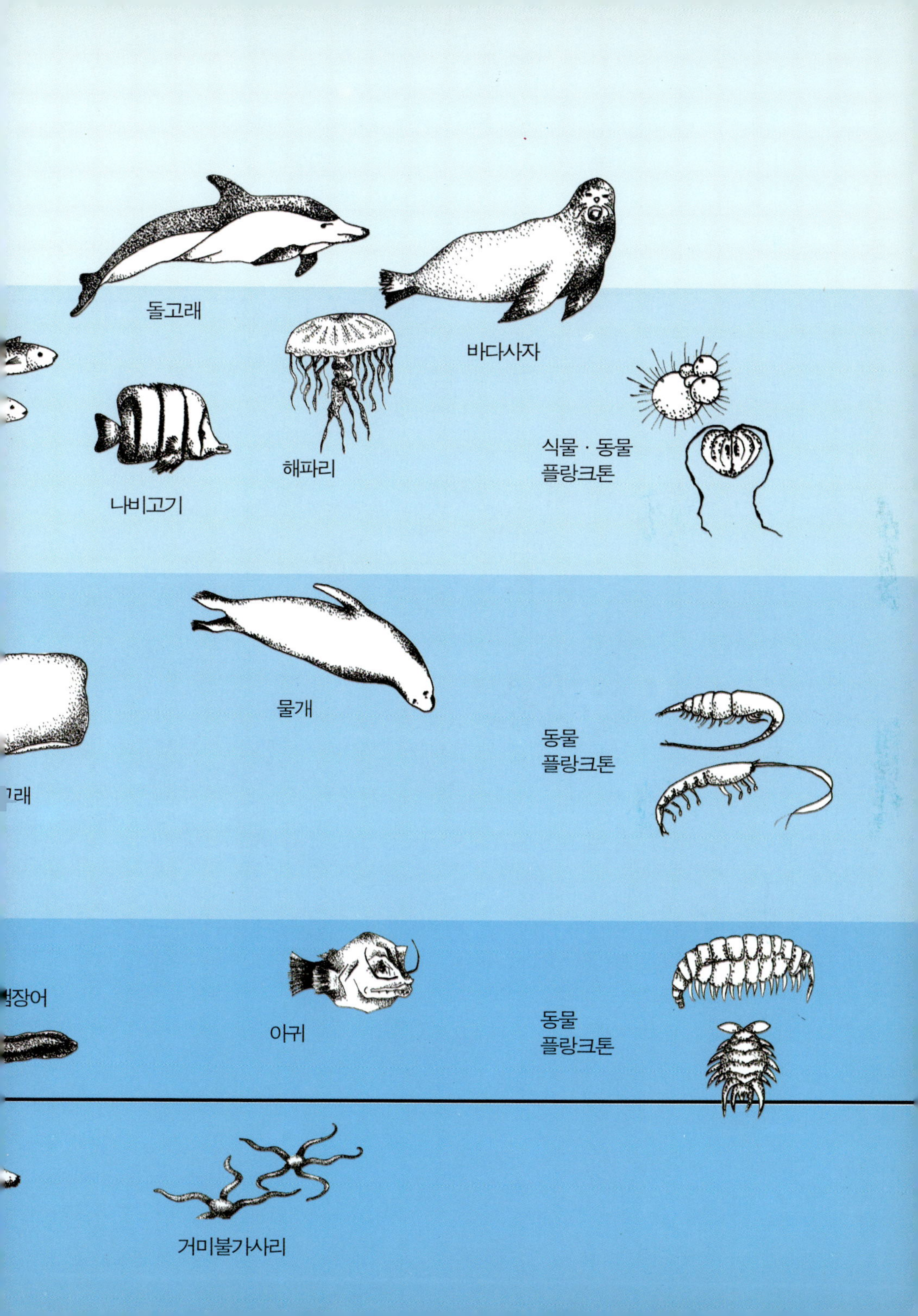

돌고래
바다사자
해파리
나비고기
식물 · 동물
플랑크톤
물개
동물
플랑크톤
고래
아귀
동물
플랑크톤
장어

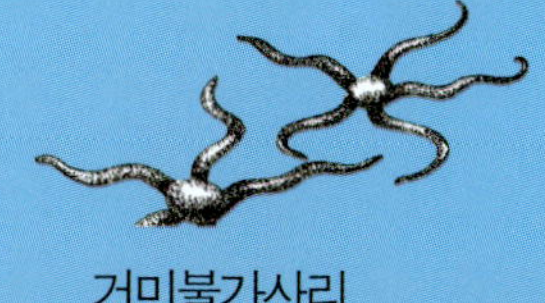
거미불가사리

참고 문헌

유재명·김웅서 역, 『상어』, 웅진미디어, 1993.

이광우·손영수 외 역, 『바다의 세계』 1~5, 전파과학사, 1986.

이인규·김계중·조재명·이도원·조도순·유종수 편저, 『한국의 생
　　　물 다양성 2000』, 민음사, 1994.

이종화, 『바다의 과학』, 전파과학사, 1974.

정문기, 『어류박물지』, 일지사, 1974.

정약전 저·정문기 역, 『자산어보』, 지식산업사, 1977.

홍재상·윤성규, 『해양 생물학·저서 생물』, 아카데미서적, 1995.

Berill, N. J. and Berill. J., *1001 Questions Answered about the
　　　Seashore*, 1957.

Cousteau, J. Y., *The Ocean World*, Abrams, 1979.

Gosner, K. L., *A Field Guide to the Atlantic Seashore*,
　　　Houghton Mifflin Company, 1978.

Kricher, J. C., *Peterson First Guides to Seashore*, Houghton
　　　Mifflin Company, 1992.

Lerman, M., *Marine Biology, Environment, Diversity and
　　　Ecology*, The Benjamin/Cummings Publishing Company Inc.,
　　　1986.

Levinton, J. F., *Marine Biology, Function, Biodiversity,
　　　Ecology*, Oxford University Press, 1995.

Nybakken, J. W., *Marine Biology, An Ecological Approach*, Harper
　　　Collins, 1993.

Sumich, J. L., *An Introduction to the Biology of Marine Life*, Wm. C. Brown Publisher, 1996.

Thurman, H. V., *Essentials of Oceanography*, Merrill Publishing Company, 1987.

Zinn, D. J., *The Hand Book for Beach Strollers from Maine to Cape Hatteras*, The Globe Pequot Press, 1985.

빛깔있는 책들 301-31

해양 생물

글	—김웅서
사진	—김웅서
발행인	—장세우
발행처	—주식회사 대원사
편집	—김분하, 연인숙, 최은희, 김남연, 권효정
미술	—최효섭, 김명준, 김지연
기획	—조은정, 김수영
총무	—이훈, 이규헌, 정광진
영업	—김기태, 강성철, 이수일, 문제훈, 안태경, 박경이
이사	—이명훈

첫판 1쇄 —1997년 8월 25일 발행
첫판 3쇄 —2002년 10월 30일 발행

주식회사 대원사
우편번호/140-901
서울 용산구 후암동 358-17
전화번호/(02) 757-6717~9
팩시밀리/(02) 775-8043
등록번호/제 3-191호
http://www.daewonsa.co.kr

이 책에 실린 글과 그림은, 저자와 주식회사 대원사의 동의가 없이는 아무도 이용하실 수 없습니다.

잘못된 책은 책방에서 바꿔 드립니다.

값 13,000원

Daewonsa Publishing Co., Ltd.
Printed in Korea(1997)

ISBN 89-369-0203-2 00470

빛깔있는 책들

민속(분류번호 : 101)

1 짚문화	2 유기	3 소반	4 민속놀이(개정판)	5 전통 매듭
6 전통 자수	7 복식	8 팔도 굿	9 제주 성읍 마을	10 조상 제례
11 한국의 배	12 한국의 춤	13 전통 부채	14 우리 옛악기	15 솟대
16 전통 상례	17 농기구	18 옛다리	19 장승과 벅수	106 옹기
111 풀문화	112 한국의 무속	120 탈춤	121 동신당	129 안동 하회 마을
140 풍수지리	149 탈	158 서낭당	159 전통 목가구	165 전통 문양
169 옛안경과 안경집	187 종이 공예 문화	195 한국의 부엌	201 전통 옷감	209 한국의 화폐
210 한국의 풍어제				

고미술(분류번호 : 102)

20 한옥의 조형	21 꽃담	22 문방사우	23 고인쇄	24 수원 화성
25 한국의 정자	26 벼루	27 조선 기와	28 안압지	29 한국의 옛 조경
30 전각	31 분청사기	32 창덕궁	33 장석과 자물쇠	34 종묘와 사직
35 비원	36 옛책	37 고분	38 서양 고지도와 한국	39 단청
102 창경궁	103 한국의 누	104 조선 백자	107 한국의 궁궐	108 덕수궁
109 한국의 성곽	113 한국의 서원	116 토우	122 옛기와	125 고분 유물
136 석등	147 민화	152 북한산성	164 풍속화(하나)	167 궁중 유물(하나)
168 궁중 유물(둘)	176 전통 과학 건축	177 풍속화(둘)	198 옛 궁궐 그림	200 고려 청자
216 산신도	219 경복궁	222 서원 건축	225 한국의 암각화	226 우리 옛 도자기
227 옛 전돌	229 우리 옛 질그릇	232 소쇄원	235 한국의 향교	239 청동기 문화
243 한국의 황제	245 한국의 읍성			

불교 문화(분류번호 : 103)

40 불상	41 사원 건축	42 범종	43 석불	44 옛절터
45 경주 남산(하나)	46 경주 남산(둘)	47 석탑	48 사리구	49 요사채
50 불화	51 괘불	52 신장상	53 보살상	54 사경
55 불교 목공예	56 부도	57 불화 그리기	58 고승 진영	59 미륵불
101 마애불	110 통도사	117 영산재	119 지옥도	123 산사의 하루
124 반가사유상	127 불국사	132 금동불	135 만다라	145 해인사
150 송광사	154 범어사	155 대흥사	156 법주사	157 운주사
171 부석사	178 철불	180 불교 의식구	220 전탑	221 마곡사
230 갑사와 동학사	236 선암사	237 금산사	240 수덕사	241 화엄사
244 다비와 사리				